SAP 区块链实战

——从技术实践到商业创新——

薛建敏 郑国柱 张世超 李珊珊 王朝晖 宫启瑞
魏 宇 高浩良 饶 伟 汤 秦 万 洁 林雨薇 编著

清華大學出版社
北 京

内 容 简 介

本书基于区块链技术，从智慧企业到可信区块链，从 SAP 区块链的业务应用到云平台的产品服务，帮助读者对 SAP 区块链形成一个全面直观的认知和了解。本书主要内容包括区块链的演变历程、工业区块链概述、SAP 区块链的技术实操，以及区块链在审计、税务和供应链领域的主要应用模式，结合理论定义阐述、案例应用探讨等方式，生动详细地展示了 SAP 区块链技术在几大行业的最新解决方案。

本书可供职业 IT 项目经理、软件工程师以及技术架构师参考阅读，还可供想学习或想迅速掌握 SAP 常识和技能的读者自学参考。

图书在版编目（CIP）数据

SAP 区块链实战：从技术实践到商业创新/薛建敏等编著．—北京：清华大学出版社，2021.1(2022.9 重印)
ISBN 978-7-302-57396-8

Ⅰ．①S…　Ⅱ．①薛…　Ⅲ．①区块链技术　Ⅳ．①TP311.135.9

中国版本图书馆 CIP 数据核字(2021)第 018304 号

责任编辑：袁勤勇　杨　枫
封面设计：杨玉兰
责任校对：徐俊伟
责任印制：刘海龙

出版发行：清华大学出版社
网　　址：http://www.tup.com.cn，http://www.wqbook.com
地　　址：北京清华大学学研大厦 A 座　　**邮　　编**：100084
社 总 机：010-83470000　　**邮　　购**：010-62786544
投稿与读者服务：010-62776969，c-service@tup.tsinghua.edu.cn
质量反馈：010-62772015，zhiliang@tup.tsinghua.edu.cn
课件下载：http://www.tup.com.cn，010-83470236
印 装 者：大厂回族自治县彩虹印刷有限公司
经　　销：全国新华书店
开　　本：185mm×230mm　　**印　　张**：9.75　　**字　　数**：199 千字
版　　次：2021 年 2 月第 1 版　　**印　　次**：2022 年 9 月第 2 次印刷
定　　价：49.00 元

产品编号：087631-01

Contracts are the basis of business relationships and transactions are the fulfillment of those contracts, whether in traditional trade or e-commerce. Without contracts, transactions, and records of them, our global economy cannot work. They not only govern interactions between companies but also between nations and organizations. Yet, when our businesses shifted into the digital world, the underlying contracts often remained in traditional paper form, and the controls were not digitalized along with the business process.

Blockchain technology promises to change this and bring all types of transactions and contracts into the digital age-protected from tampering, falsification, or deletion. By cutting out intermediaries like bankers or brokers in the processes and providing the highest level of security, blockchain will make even complex transactions and contract fulfillments friction-less. The keyword here is trust. Blockchain technology, due to its open, transparent, and distributed ledger, has the immense potential to be trusted by all participants in the same way like we believe today in a physical hand-over of a banknote, a signed & stamped contract or a bank transfer. We have learned throughout the last years, that blockchain will bring major shifts in the way individuals, businesses and organizations will transact. Many thought leaders believe, that these changes will be long lasting and foundational, but they are not disruptive on the short term.

As such, blockchain innovation holds many promises, but it would be a mistake to rush into the adoption of the technology without understanding how to unleash its potential in detail.

The authors of this book explain beautifully and insightfully the evolution of the blockchain from its early beginnings as a technology for cryptocurrencies to its today's adoption in industrial processes and supply chain. They also deep-dive into the usage of blockchain in auditing, taxation, and customs handling-important areas of international trade and global business, where they see massive potential for simplification. Finally, this book also deep-dives how blockchain technology is embedded in the SAP Cloud Platform and how modern business applications based on SAP's platforms can use it.

This book is not only a must-read for every serious IT manager, project manager for business applications, software engineer, or architect-but also for professionals and even ambitious students who want to understand the potential of one of the most game-changing technologies of the decade to come.

无论是在传统贸易还是电子商务中,合同都是业务合作的基础,交易则是履行这些合同的表现行为。如果没有合同、交易和记录,全球经济将无法有序地运作。它们不仅支撑着企业之间的合作关系,同时也支撑着不同组织和国家之间的正常运作。然而,当我们的业务面临数字化转型时,重要的交易合同仍然以传统的纸质形式存在,合同的管理也并未随着业务流程的发展实现数字化转型。

区块链技术有望改变这一现状,将所有类型的交易和合同带入数字化时代——防止它们被篡改、伪造或者删除。通过减少银行和经纪人等中介机构的介入并提供最高级别的安全性,区块链能实现复杂的交易和合同履行。如今信任在交易过程中显得尤为关键。区块链技术基于其公开性、透明性和分布式账本,被所有参与者充分信任,具有相当于钞票、已签署并盖章的合同或者从银行转账的公信力。经过近几年的发展,我们进一步认识到,区块链将会给个人、企业和组织的交易方式带来重大的变化。许多意见领袖认为,区块链带来的影响变化将是一个漫长的过程,短期内并不会带来颠覆性的影响。

因此,区块链创新具有非常广阔的前景,但是如果我们在没有充分了解如何发挥其影响力的情况下而立即采用该技术,这将是一个严重的错误。

本书的作者针对区块链从早期的加密货币技术演变到当今在工业流程和供应链中的应用,都提出了独特的见解。此外,他们还深入地探讨了区块链在审计、税务和供应链的运用,这些领域是国际贸易和全球业务的重要领域,在这些领域他们看到了巨大的未来潜能。最后,本书还进一步阐述了区块链技术是如何嵌入 SAP 云平台中,以及基于 SAP 平台的现代业务应用程序如何使用这一技术的相关话题。

本书不仅是每一位职业 IT 经理、负责业务应用程序的项目经理、软件工程师或架构师的必读之书,同时也适合于有志于此,并愿探究区块链未来十年最具颠覆性技术的学生阅读。

Clas Neumann 柯曼

SAP 全球高级副总裁

SAP 研发网络总裁

前言

最近关于央行在深圳试运行数字货币的报道屡见诸报道。数字货币并不是加密货币，相反，它由央行发行和管理。作为中国实体货币的法定数字版本，使用数字货币可以让政府更高效地掌握货币流通。这只是区块链（部分）技术应用的领域之一，更大应用空间在于将区块链技术和不同的行业场景结合起来。利用区块链技术的特性创造出新的商业价值，促进企业甚至是行业业态的转型升级。然而纵观目前国内区块链在行业中的应用，大多属于一次性核心企业驱动的实验性项目。各国政府对于个人隐私、跨境数据流动方面法规的不断完善，极大地影响到链上数据的存储和处理，让区块链开花结果变得更加不易。如何识别合适的场景，发掘区块链技术之上的商业价值，以及如何做成真正成功的、可持续的业务显得更加重要。

结合 SAP 在 25 个行业企业管理解决方案的深厚积累，和对于区块链商业化技术的持续引领与投入，早在 2014 年，SAP 将区块链定义为十大颠覆性技术之一，并持续地跟踪和参与。SAP 是 Hyperledger 的高级会员，是国际可信区块链应用协会（INATBA）的创始会员，是中国可信区块链计划的副理事长创始单位。SAP 还牵头建立了 Hyperledge Fabric 多云互联与互通工作组并参与制定标准。

SAP 云平台是为企业构建的集成和扩展平台，支持连接企业架构并创建针对业务需求的应用扩展功能。SAP 区块链服务作为其中的一项关键服务让多方企业间的可信、开放的协作变为可能。SAP 区块链服务让企业不再耗费精力进行区块链技术平台的选型、搭建，而把更多的时间用在业务场景设计和解决方案开发上面。SAP 区块链提供了如下服务。

- 平台服务：允许快速创建不同区块链技术之间的连接，并快速应用到业务流程开发中。
- 应用服务：通过提供时间戳（时间记录）、状态证明（验证）、历史证明（审计线索）和身份（即将推出）等服务，使得使用区块链功能不再需要了解具体的技术细节。
- 赋能服务：建立区块链服务和其他云应用以及 SAP 云平台上其他业务能力的链接。

本书从企业角度系统阐述了区块链技术的商业价值，适用场景的甄别。技术上由浅入深，应用上通过大量翔实的案例、产品和方案设计展现了真正产品级区块链实践。本书的读者对象主要有如下两类。

- 企业信息化高管(CIO)：他们期待从商业本质上理解区块链，审视、甄别商业场景的实用性。针对性的问题有：为什么这个商业场景要使用区块链？使用区块链会给企业带来哪些传统技术无法带来的价值？
- 企业信息技术专家：区块链应用如何技术选型，数据戳上链、数据上链，还是业务逻辑上链(智能合约)？产品级别的区块链应用方案架构是什么样的？如何上手？

读者可扫描正文中插图右侧的二维码观看相应插图的彩色版。

在本书编写期间，SAP全球高级副总裁、SAP中国研究院院长李瑞成博士非常关注，给予了高屋建瓴的指导，并参与了本书初稿的审阅。同时，这里还要感谢SAP中国研究院研发团队经理：张锐、尹虎、顾海榕、黄远涛、龚秋艳和刘鹏，是他们的支持让这本书的写作项目能够开展。参与编写本书的产品技术专家均来自研究院区块链社区，他们很多人抽出工作之余的时间，连续数月孜孜不倦地投入文稿的撰写工作中，为本书的编写做出巨大的贡献，他们是高浩良、宫启瑞、李珊珊、林雨薇、饶伟、汤秦、万洁、王朝晖、魏宇、薛建敏、张世超、郑国柱。特别感谢张世超和虞静在本书编写期间承担了大量的组织协调工作。

最后，由于编者精力和能力有限，内容上难免有疏漏之处，欢迎广大读者探讨、指正。

薛建敏

2020年10月

目录

第 1 章　区块链的源起 …… 1

1.1　从比特币到区块链 2.0 …… 1

1.1.1　加密数字货币 …… 1

1.1.2　智能合约和通证 …… 2

1.1.3　资产数字化 …… 3

1.2　去中心化的可信网络 …… 4

1.2.1　去中心化的意义 …… 4

1.2.2　区块链是去中心化的技术底座 …… 5

第 2 章　从智慧企业到可信区块链 …… 12

2.1　智慧企业的开放协作 …… 12

2.1.1　智慧企业系统 …… 12

2.1.2　跨企业的业务流程 …… 14

2.1.3　开放的商业协作网络 …… 17

2.2　智慧企业系统与区块链的融合 …… 23

2.2.1　智慧企业需要工业区块链 …… 23

2.2.2　工业区块链的技术要求 …… 24

2.2.3　工业区块链的业务场景 …… 25

第 3 章　SAP 区块链 …… 30

3.1　基于区块链的新商业模式 …… 30

3.1.1　SAP 区块链联盟项目 …… 31

3.1.2　SAP 区块链行业应用案例 …… 32

3.2　SAP 云平台区块链服务 …… 41

3.2.1 Hyperledger Fabric 区块链平台服务 …… 43
3.2.2 MultiChain 区块链平台服务 …… 51
3.2.3 SAP HANA 区块链 …… 62
3.2.4 SAP 区块链应用程序启用服务 …… 72
3.2.5 将区块链服务集成到 S/4 HANA Cloud …… 77

第4章 企业区块链应用 …… 88

4.1 审计电子文件保全 …… 88
4.1.1 审计电子文件 …… 88
4.1.2 电子文件保全技术 …… 95
4.1.3 探索区块链审计电子文件保全 …… 101
4.1.4 展望区块链与审计规范 …… 106
4.2 电子发票和税收 …… 107
4.2.1 税的定义与分类 …… 107
4.2.2 税收制度 …… 110
4.2.3 各国征税过程中存在的问题 …… 114
4.2.4 探索区块链与税收监管 …… 115
4.2.5 展望区块链与税收监管 …… 130
4.3 供应链与物流 …… 131
4.3.1 供应链管理的定义与内容 …… 131
4.3.2 供应链发展的影响因素 …… 132
4.3.3 传统供应链的局限性 …… 133
4.3.4 区块链技术在供应链中的应用 …… 133
4.3.5 国内外供应链应用现状 …… 134
4.3.6 探索区块链与供应链管理 …… 135

第5章 区块链的未来与展望 …… 143

参考文献 …… 147

区块链的源起

区块链技术从一开始是为比特币而生的。随着比特币逐渐走入公众的视野，引起社会各界的讨论，其价值经历了过山车般的波动，从狂热到冷静，直到近几年国家将区块链技术创新纳入国家发展战略之中。你是否也会好奇比特币究竟有何不一样，为什么会引起这么大的关注呢？

1.1 从比特币到区块链 2.0

2008 年，化名为中本聪的神秘极客向密码学邮件列表的成员发送了一封电子邮件，介绍了一种由他开发的电子现金系统，并附上了所著的论文，名为《比特币：一种点对点的电子现金系统》，这就是比特币的起源。在此之前，已经有众多数学家、密码学家和金融学家在这个领域研究了数十年，直到中本聪发表这篇论文，才算第一次创造出了电子货币。根据论文中的描述，通过使用一种分布式的区块链账本系统，以及一种工作量证明的共识机制，比特币是可以完全通过技术实现去中心化的发行和流通的。时至今日，区块链技术除了在数字货币领域不断发展以外，还逐渐被挖掘出在诸如资产管理、物流管理等其他各种领域中的应用前景。

1.1.1 加密数字货币

为了便于读者理解，我们将从比特币开始介绍区块链应用的演进。

1. 比特币的意义

在现实世界中，市场上流通的货币都是由中央银行发行并以实物形式存在的，每份货币都唯一且不可复制，交易中只能使用一次。但数字世界中，所谓数字货币都是以数据形式存储的，很难保证不被重复使用，因此不能用来表示价值，这就是经典的“双花”问题。

与前人的研究相比，比特币最大的突破就在于此，即能够在保证不出现“双花”的同时,实现对数字货币的发行和验证。这其实就是区块链技术的功劳:利用区块链中的共识机制可以控制交易记录的验证,并通过奖励第一个达成共识要求的节点来发行新的比特币。至此,数字货币的历史问题被全方面解决,满足了代表价值所需的条件。关于区块链更多的技术细节,也可以在之后的章节中得到解读。

比特币的成功离不开那段波澜曲折的历史。2008年,除了奥运会和中本聪的论文之外,那场席卷全球的金融危机也让很多人受到了影响。随着美国房产市场的日渐火爆,泡沫逐渐浮现,各种危险的贷款和次贷的发放,导致市场中现金愈发短缺。直到2008年,随着接二连三的违约事件发生,资本不断撤出,泡沫破裂,导致一家家投资银行股价暴跌,濒临倒闭,其中最有名的当属雷曼兄弟银行倒闭事件。后来政府出台坏账购买计划,美联储降息发放贷款,为市场注入大量现金以保证流动性,才最终稳定金融市场。与此同时,货币价值自然也不可避免地发生了巨大的通货膨胀。

在这样的背景下,比特币提出了超越传统认知的去中心化思想,第一次通过固定的计算机代码控制货币的发行,使人们看到了新的曙光。不得不说,比起相信政府金融机构的管理能力,世界上有相当一部分人更愿意相信没有感情的计算机代码。比特币的出现,让世界开始重新思考价值的含义,并开创了去中心化应用的先河。

2. 其他加密货币

从技术角度来看,比特币有三层结构。最底层是比特币区块链,其本质是一个去中心化的记账网络,所有网络参与者共同维护同一份账本;中间层是比特币的协议层,是运行在这个网络中的软件系统,规定了这个网络中的交易规则;最上层就是数字货币本身,也就是比特币。随着比特币技术的发展,有越来越多的人发现这个新的市场机会,涌现出各种以比特币区块链技术为基础衍生的数字加密货币。它们本质上都是对比特币三层结构进行不同程度的调整修改后再重新发行的虚拟货币,并各自展现出新的特性。

现如今,比特币和众多类似的虚拟货币已然成为互联网上的现金,有各种各样的商品和服务接受以比特币形式的付款。一方面它没有国家和地域属性,另一方面它有着固定的交易费率,奠定了它在贸易市场中特殊的地位。我们有理由相信,比特币可能将带来世界范围内前所未有的自由开阔的交易体验。

1.1.2 智能合约和通证

根据梅兰妮·斯万在《区块链:新经济蓝图及导读》一书中所描述的对区块链发展阶段的划分:区块链1.0时代指的是以比特币为代表的数字货币时代,核心应用就是货币和支付;区块链2.0时代则是在之前基础上加入智能合约等协议,在市场中发挥更大的作用;区块链3.0时代则是超越了金融和市场的应用,能够将区块链的去中心化思想应用在生活中每个方面,实现全球范围内信息和资源更高程度的自动化管理应用。

当前比特币的使用场景只有数字货币的交易，而要在更多场景中应用到区块链技术，还需要对它进行迭代升级。中本聪所创建的比特币的协议层则体现出了他对区块链未来更广阔的应用领域的思考。区块链 2.0 时代最重要的是拓展区块链的协议层和最上层，为更多金融领域的应用提供可能性。而以太坊则当之无愧成为升级版的区块链，是区块链 2.0 时代的模范代表。以太坊的创始人维塔利克·布特林最早也是比特币的研究者，随着不断地探讨和研究，他发现比特币区块链自身很多的局限性，便根据他的想法创建了以太坊。

他所设想的以太坊主要提供了一个能实现所有计算的编程语言(Solidity)，用来编写在区块链上运行的脚本，又称为智能合约。这意味着区块链上可以进行的交易除了买卖之外还可以有很多，完全可以由开发者自行设定。在交易发生时，智能合约会严格自动执行，无法被干预。交易双方只需要对交易进行许可，无须担心在交易过程中可能发生的欺诈和人为干预。一个现实世界中常见的例子便是自动贩卖机，客户只需要确认购买并付费，商品便会通过事先设定好的程序和机关交付给客户。

除了智能合约外，以太坊也提供了通证系统，形成了以太坊区块链的最上层结构。通证是以太坊的价值表示物，可以通过智能合约来发行，而比特币只能通过共识的奖励发行新币(除创世区块外)。通证主要有如下特征：

(1) 数字形式存储；

(2) 受到加密保护；

(3) 在区块链上流通；

(4) 通过智能合约控制。

通证和智能合约可以使以太坊的应用场景得到极大的扩展，各种资产的数字化时代近在眼前。

1.1.3　资产数字化

区块链可以称为互联网时代的最重要的发明之一，它使得用互联网中的数据表示价值成为了可能。要想走进一个社会资产全面分布自治的区块链 3.0 时代，我们可能会经历一个很长的资产数字化的演变过程，人们将逐渐发现有越来越多的事物可以在区块链上存储。在《商业区块链：开启加密经济新时代》一书中，区块链专家威廉·穆贾雅把区块链中可存储的事物的首字母组成了一个单词 ATOMIC：

(1) 资产(assets)；

(2) 信任(trust)；

(3) 所有权(ownership)；

(4) 货币(money)；

(5) 身份(identity)；

(6) 合同(contracts)。

和传统的数据库不同，区块链账本上记录的是价值表示物的状态，有特定的状态转换过程。上面所列的物品都是受合约或协议控制，可以在账本上以状态的形式保存下来的资产或凭据。例如股票、股权、基金、产权证明、身份证件、资产证明和租赁合同等。

无形资产的数字化相对而言较为容易，因为一般来说无形资产本身就是以数据或记录形式存在的。将物理资产引入区块链中，需要将物理资产的权益和本身联系起来，我们通过区块链只能对其所有权和控制权进行交易。但随着物联网的发展，二维码、NFC标签、传感器会在日常生活中更加广泛地使用，倘若某天实现了物理世界和数字世界的互联互通，那么通过区块链控制物理资产将成为可能。

1.2 去中心化的可信网络

去中心化的思想起源于互联网。在互联网的发展过程中，网络服务形态不断多元化，在网络上传播的内容也不再是由专业的网站或者特定人群产生，而是由权力等级平等的全体网民共同参与创造的结果。

在一个分布有众多节点的系统中，每个节点都具有高度自治的特征。节点之间彼此可以自由连接，形成新的连接单元。任何一个节点都可能成为阶段性的中心，但不具备强制性的中心控制功能。节点与节点之间的影响，会通过网络形成非线性因果关系。这种开放式、扁平化、平等性的系统现象或结构，称为去中心化。

1.2.1 去中心化的意义

现今的金融系统就是中心化管理的。所有的账户资产都是由银行统一管理记录的。以一笔转账交易为例，在过去，我们只能通过去银行柜台申请办理转账，才能让银行知道你需要从自己的账户中减少一部分钱，转移到目标账户中。即使现在我们可以使用手机端App直接操作，其实也是通知了银行这个第三方代我们执行这个操作的。

施行去中心化的管理，就是将银行这类可信第三方的角色用技术替代，在得到转账许可之后，直接由智能合约和底层的区块链负责动作的执行和监督。这样一来最直接的效果就是在转账流程中所需承担的信任风险降低了，因为在转账过程中并没有含有自主意识的中介。当然，由于政策和经济调控需求的限制，各个国家都对这种去中心化的金融管理方案保持着若即若离的态度。

但是去中心化的意义并不止于此。区块链可以容纳如此多的计算节点以网络的形式存在，已然构成世界上算力最大的分布式网络。这种分布式协作系统将高难度的任务分割成可分配给每个节点按照简单的规则自动执行的小任务，极大地提高了系统的稳定性和自动化程度,并降低了系统的复杂度。相信只要经过正确合理的引导,去中心化就如同“水往低处流”的自然现象一样,将会是人类社会最稳定高效的运行模式。

1.2.2　区块链是去中心化的技术底座

近年来,随着区块链技术的飞速发展,越来越多的商业项目寻求与区块链技术的结合与创新。从区块链实现原理的角度来看,人们利用密码学来验证与存储数据,使用共识算法来生成和更新数据,应用自动执行的智能合约来兑现以数字形式定义的承诺。由于区块链结合了不同层面的技术,如何保障每一环节在使用过程中的安全性,则是技术人员面临的重大挑战。

本模块主要分析区块链在技术实现上存在的安全隐患,并结合应用过程中区块链技术真实经历的攻击事件,来浅谈区块链的安全。而系统应用层的安全问题,并不是由区块链本身引起的,所有涉及传统网页、App 等应用存在的安全隐患都会在该层出现,因此这里不做扩展介绍。本节将从区块链实现原理牵涉出的安全问题展开讨论,依次从**密码学**、**共识机制**,以及**智能合约** 3 个方向展开分析。

1. 密码学涉及的安全问题

区块链的设计与交易基于密码学。因此,如果应用的密码学机制被攻破,那么区块链的安全将遭受致命打击。密码学在区块链的应用中主要涉及两个概念——**哈希算法**和**数字签名**。另外,数字签名还会引申出相关的**数字证书**安全问题。

哈希算法是保障区块链数据不可篡改的重要基石,它在区块链的构造中有着非常广泛的应用,以比特币为例:

(1) 对 block header 取哈希值,用于确保各个区块数据的不可篡改性;

(2) 对 transaction 取哈希值,构建默克尔树,用于验证区块中是否包含某笔交易;

(3) 对 public key 取哈希值,用于生成长度规整的比特币地址。

那么哈希算法是否安全呢?这就需要先引入一个非常重要的概念——**哈希碰撞**。哈希碰撞指的是输入不同的值,经过哈希算法处理后,得到了相同的结果。哈希函数的输入值可以是任意长度的二进制值,因此输入域可以是无限大的;而输出的值是固定长度的二进制值串,因此输出域为固定大小的一个集合。根据鸽笼原理,哈希碰撞是必然发生的。

我们希望哈希算法具有**抗碰撞性**(collision resistance),也就是我们无法使用除暴力检索输入域以外的手段,去人为地制造哈希碰撞。实际上,当今世界上所有应用的哈希算法,都只能在实践中验证它是否具有抗碰撞性,而无法从理论上去证明。假设区块链使用的哈希算法能够被人为地制造哈希碰撞,那么攻击者便可以修改区块中的数据,并成功通过后续的验证。这样一来,区块链的不可篡改性就无法得到保障。

现如今广泛应用的哈希算法 MD5,就已于 2004 年被破解——攻击者可以人为地去制造哈希碰撞。而比特币运用的 SHA256,以太坊使用的 Keccak256 等哈希算法,至今仍被认为是安全可靠的。总的来说,区块链使用的哈希算法是否会在未来某一天被破解,将直接影响该区块链的安全性。

区块链中另一个重要的密码学应用是**数字签名(digital signature)**。数字签名是**非对称加密算法**的反向应用,它可以用来确保数据在传输过程中没有受到篡改。非对称加密算法需要两个密钥来进行加密和解密,分别是**公钥(public key)**和**私钥(private key)**,如图 1-1 所示。公钥向所有人公开,私钥只由密钥持有者保管。公钥由私钥生成,但是我们无法使用公钥反推出私钥的值。如果用公钥对数据进行加密,只有用对应的私钥才能解密;如果用私钥对数据进行加密,那么只有用对应的公钥才能解密。

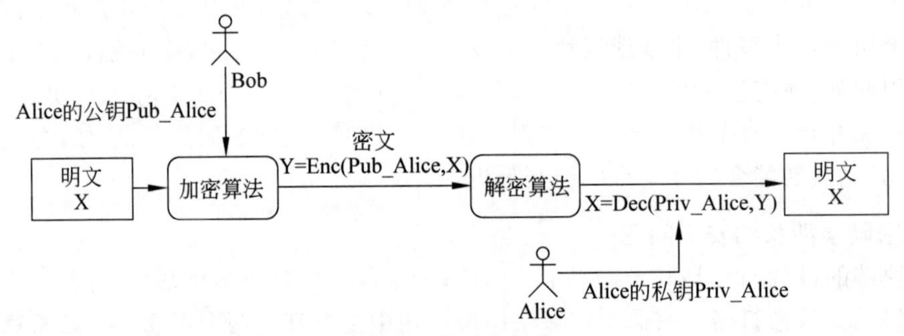

图 1-1 非对称加密

数字签名正是利用了非对称加密的特性,确保了数据来源的可靠性、完整性以及正确性。Bob 在发送信息 M 时,使用私钥对信息 M 进行签名(使用私钥加密信息,生成的密文即是签名 Sig),并将该签名 Sig 和信息 M 一起发送;由于公钥是公开的,任何接收者都可以用 Bob 的公钥对 Bob 的签名 Sig 进行验证(使用公钥对密文解密,验证其是否和信息 M 本身一致),如图 1-2 所示。因此数字签名可以保障信息在传输过程中没有受到篡改。此处我们不是要确保信息的保密性,而是保证信息来源以及其本身的正确性。

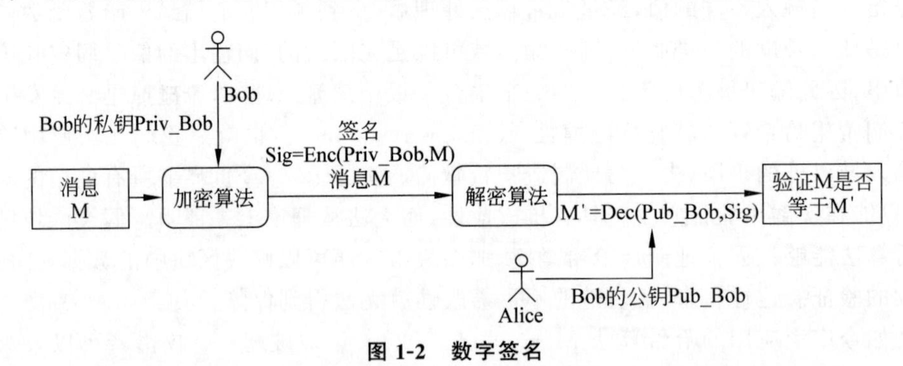

图 1-2 数字签名

在区块链中，每一个用户都可以在本地创建公私钥对。公钥在取哈希值后，可以看作账户的账号，只要知道用户的公钥，就可以给该用户转钱；私钥可以看作账户的密码，有了私钥就可以取走账户中的钱。

同时，公私钥的另一个作用就是在发布交易时进行数字签名。以比特币为例，如图 1-3 所示，当所有者 1 发布一笔交易，声明将自己持有的一个比特币转给另一个用户，那么所有者 1 就会使用自己的私钥对该交易进行签名；而矿工将使用所有者 1 的公钥来验证所有者 1 的签名，以此来确定该交易是否为所有者 1 发布的。由于比特币是一个基于交易的账本，并没有特定的数据结构去保存每一个账户里的余额，因此每一笔交易需要声明币的来源。实际上，当矿工使用所有者 1 的公钥进行签名的验证时，也是在验证币的来源。

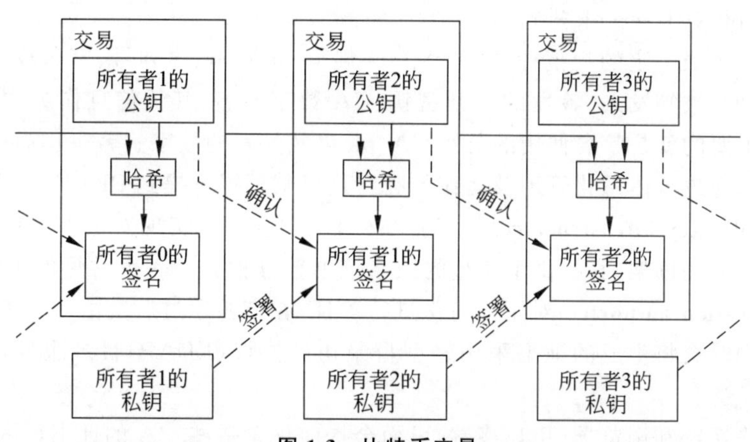

图 1-3　比特币交易

当今区块链使用的主流数字签名机制依旧是 ECDSA(椭圆圆锥曲线算法)，无论是区块链 1.0 时代的比特币，还是 2.0 时代的以太坊，使用的都是基于 secp256k1 的椭圆圆锥算法。那么数字签名机制是否具有安全隐患呢？理论上来说，当不同数字签名使用了相同的随机数，就会泄露用户的私钥。尤其当区块链上的数据都是公开的，任何人都可以从这些公开的数据中轻易地获取每一笔交易涉及的公钥、签名等信息。

比特币区块链曾因数字签名的随机数问题，发生过比特币被偷取的实例。另外，也有许多有关数字签名的研究，发布过其他主流区块链存在的重复随机数问题。由此可见，一方面，区块链的安全保障需要开发者投入更多资源在寻找可靠的随机数生成器上。另一方面，区块链上所有数据向用户公开也可能是一个安全隐患。

数字签名可以用来验证信息来源的可靠性，并且确保了信息的内容在传输过程中并没有受到篡改。用户发布交易时使用私钥进行签名，矿工使用该用户发布的公钥来验证交易发布的合法性。那么我们如何确保公钥是用户本人发布的呢?

数字证书(digital certificate)实现了用户公钥的安全分发,它不仅能够用来验证公钥来源的可靠性,并且保障了公钥内容的正确性。本质上,数字证书依旧是由数字签名来实现的,只不过签发的职能由中心化的 CA 承担。**CA(certification authority)**并不特指某一类机构,而是证书权威职能组织的统称。所有用户默认 CA 是诚实的,并信任 CA 能够公正地证明用户的公钥注册与否。

CA 自身生成用于数字签名的公私钥对 CA_sk 和 CA_pk,用户将需要验证的公钥 User_pk 交给 CA,CA 用自己的私钥 CA_sk 对 User_pk 进行签名,生成 sig;随后 CA 将自己的公钥 CA_pk 以及签名 sig 打包到数字证书中。如此一来,用户在向其他用户公布自己的公钥 User_pk 时,同时出示由 CA 颁布的证书。其他用户便可使用证书中囊括的 sig 以及 CA_pk 对 User_pk 进行验证。

数字证书按照一定的规范标准(如 X.509 规范)将版本、序列号、签名算法类型、签发者信息、有效期、被签发人、签发的公开密钥、CA 数字签名、其他信息作为内容打包。证书内容中最重要的就是签名使用的公钥 CA_pk 以及签发的数字签名 sig 这两个信息。那数字证书是如何进行体系化管理及运作的呢?这里就不得不提到 PKI 体系了。

PKI(public key infrastructure)是建立在公私钥基础上,实现安全可靠传递消息和身份确认的一个通用框架,它提供了完整的**数字证书管理框架**。一个常见的 PKI 体系往往由 **RA(registration authority)**对用户身份进行验证,在审核通过后交由 CA 负责证书的颁发和作废。同时会将生成的证书采用轻型目录访问协议(LDAP)目录服务,存储在证书数据库中。

主流操作系统和浏览器(用户终端)里面会提前预置一些 CA 的证书(承认这些是合法的证书),然后所有基于他们认证的签名都会自然被认为合法。这就给恶意的操作系统或浏览器开发者们可趁之机——在预置证书列表中添加欺诈性的伪证书。同时,即便浏览器开发者都是诚实的,证书提供者如果未能正确、及时地通知开发者去更新证书,也同样会给证书的使用带来安全风险。

联盟链一般还引入数字证书机制作为身份认证形式,典型的代表为 Fabric 和 Corda。同样地,其数字证书管理也面临着这样的安全弱点。如何保障开发者预置的证书列表与官方权威同步,是区块链技术工作者们需要重视的一个问题。

2. 共识机制涉及的安全问题

共识机制是维持区块链系统有序运行的基础,相互间未建立信任关系的区块链节点通过共识机制,共同对写入新区块的信息达成一致。如果共识机制暴露出漏洞,从而不能使节点快速有效地达成一致,那就会给区块链的使用造成难以预估的损失。

(1) 51%算力攻击。

以比特币为代表的公有链多使用PoW(proof of work),也就是工作量证明。在该机制下,谁拥有的算力越多,谁争取记账权的优势便越大。根据区块链最长链原则,矿工会在发现更长的区块链之后,放弃当前链,转而在新链上继续挖矿。这就不得不提到著名的51%算力攻击。

随着挖矿手段升级,越来越多的矿池出现,算力从分散逐渐转变为集中。一旦有攻击者掌握了51%的算力,他将有能力开一条更长的新链,从而撤销旧链上的交易记录,成功率高达百分之百。

尤其是一些主流区块链上集中算力的矿主,当他们将算力转向小众的区块链,便可轻易地发动51%算力攻击。MonaCoin、Bitcoin Gold和Verge这三种分叉自比特币的区块链就曾遭受过51%算力攻击。理论上来说,算力攻击并不能给矿主带来经济上的好处,相反会因为该安全隐患造成币价大跌,从而影响挖矿的收益。但如果主流区块链上的矿主有预谋地对小众区块链发动算力攻击,那么就能既不影响其在主流区块链上的挖矿收益,又可以在小众区块链上进行双花攻击,从中获利。

51%算力攻击在共识算法PoS(proof of stake),也就是权益证明下得到了有效的解决。因为51%攻击无论如何绕不开的成本是50%以上的持币,任何攻击行为造成的币价大跌,这50%以上的持币者一定是损失最大的。同时,PoS共识也很好地避免了算力资源的浪费。然而,该共识算法依旧存在有待解决的问题,如无利益攻击(nothing at stake attack)、长距离攻击(long range attack)以及币龄累计攻击等相关攻击。

(2) 无利益攻击。

无利益攻击针对的是PoS共识协议设计上的缺陷。在链出现分叉时,出块节点同时在两个分叉上出块,而最终只有一个块能胜出。因此作为出块节点的矿工,同时投两个出块的节点才能获得最大的利益。因为投两个节点不会有任何损失,相反获胜的概率可以变为100%。这就给了出块节点一种逐利的动力去产生新的分叉,使得区块链难以达成共识。

许多类PoS共识机制对此的解决方法是引入惩罚机制,无论是投错还是投两个块,一经发现都会进行经济惩罚。同时DPoS共识机制也是应对无利益攻击的一种解决方式,因为在该共识机制下,无利益相关的节点根本无权投票。

(3) 长距离攻击。

在PoW协议中,区块链最长链原则可以保障在非遭受51%算力攻击的情况下,链上区块数据不被逆转撤回。而长距离攻击针对的是在PoS协议中,区块链最长链原则不足以确定主链的特性。区块生产者在建完区块并取回质押的代币后,用于创建区块的密钥便没有价值了。生产者可以向攻击者以远低于创建区块时质押的代币金额,出售这些密钥。与 PoW 不同的是，PoS 没有出块之间强制延时的机制。因此攻击者可以在买到密钥后，在短时间内造出一条长于主链的伪链，并被分叉选择规则所接受。

对于长距离攻击，当前主流的防范方式有两种：一种便是区块链全网节点定期检查最新区块，使得在释放质押代币的时间段内，至少包含一次以上的检查，这样就可以及时拒绝攻击者从早期某区块开始创建区块的伪链；另一种方法则是要求区块创建者在出块之后，迅速销毁他们用来创块的密钥。这两种方法其实也有各自的局限性：第一种方法对于首次加入网络的节点来说，不能有充足的信息来判断哪条链是先创建的；而第二种方法可行的前提是我们假设所有节点都是诚实的。因此，这两种防范措施往往还需要根据具体情形，配以辅助措施。

3. 智能合约涉及的安全问题

智能合约是运行在区块链上的一段代码，代码的逻辑定义了合约的内容。合约一旦发布上链，便无法篡改。智能合约虽然开拓了区块链的应用范围，但其一经公开便无法篡改的特性，使得一旦合约本身有逻辑上的漏洞，便会造成无法挽回的损失。

由智能合约编程代码设计缺陷带来的安全问题，最著名的莫过于改写以太坊历史的 The Dao 事件，该事件直接导致了以太坊的硬分叉。The Dao 是一个去中心化的自治风险投资基金，通过发布的智能合约来募集资金，参与者可以以投资金额为权重来投票，根据投票结果来投资以太坊上的应用。如果盈利，参与者就能获得收益。

The Dao 发布的智能合约为了保证所有参与者的利益，并不实行"少数服从多数"的原则。如果参与者并不同意投票的结果，他可以取回起初投资的金额。然而 The Dao 并未在智能合约中直接定义 withdraw 的方法；参与者可以通过 splitDAO 方法，建立 childDAO（The Dao 的子结构，和 The Dao 的结构完全相同），然后把自己在 The Dao 中的投资金额转移给自己建立的 childDAO。

然而 The Dao 的智能合约在 splitDAO 方法中有设计上的漏洞，其代码如图 1-4 所示（代码来源 http://etherscan.io/address/0x304a554a310C7e546dfe434669C62820b7D83490#code）。withdrawRewardFor 方法运行在清空 balance 操作之前。这就给了攻击者迭代调用 splitDAO 方法，并不断重复转账这一过程的机会。由于智能合约一经发布

```
1011        // Burn DAO Tokens
1012        Transfer(msg.sender, 0, balances[msg.sender]);
1013        withdrawRewardFor(msg.sender); // be nice, and get his rewards
1014        totalSupply -= balances[msg.sender];
1015        balances[msg.sender] = 0;
1016        paidOut[msg.sender] = 0;
1017        return true;
1018    }
```

图 1-4 The Dao 智能合约的部分代码

就无法篡改，最终的结果就是源源不断地将钱打给伪造的 childDAO。从理论上说，攻击者并没有违背任何法律，他只是利用了智能合约在编写逻辑中的不谨慎获取了利益。

除了智能合约代码编写逻辑的漏洞以外，常见的主要攻击方式有可重入攻击、时间戳依赖攻击、整数溢出攻击和接口权限攻击等。事实上，合约层已经成为区块链安全的重灾区，现阶段智能合约的应用并不完善，存在的各种漏洞，一旦被黑客利用，就会造成资产损失，而解决这些问题仍具有挑战性。

第2章 从智慧企业到可信区块链

工业互联网正处于快速发展的阶段，如何通过区块链技术助力工业互联网，打造智慧企业系统是我们十分关心的问题，在这一章会探讨智慧企业如何开放协作，以及区块链如何与智慧企业系统融合。

2.1 智慧企业的开放协作

尽管区块链总是与加密货币的波动与炒作相关联的，但 SAP 对区块链如何帮助我们的客户持务实的看法。

我们的看法是，在过去的几十年中，公司能够通过优化组织内的流程而变得更好。现在利用区块链，我们可以通过重新定义公司如何与贸易伙伴合作来帮助公司更有效地协作。最终，改进的跨企业流程通过减少成本和时间来帮助我们的客户实现价值。同时，由于生态系统的透明度提高了，客户获得了新的洞察，从而帮助他们降低风险并最大限度地减少欺诈。

2.1.1 智慧企业系统

智慧企业系统能够帮助企业更有效地管理、生产，接下来介绍智慧企业的定义与优势，以及 SAP 助力智慧企业的解决方案。

1. 什么是智慧企业

智慧企业利用人工智能、机器学习、物联网、区块链和商务分析等新兴技术，支持员工队伍专注于开展更高价值的活动，提升业务成果。

(1) 改革新员工管理方式。随着市场环境不断变化，企业需要掌握新的技能。先进的技术能够赋予企业灵活性，帮助企业吸引、聘用、签约和留住优秀人才。

(2) 重新定义端到端客户体验。准确预测需求,获得出色的供应商,设计和生产定制产品,并打造客户喜爱的个性化体验。

(3) 大幅提高生产力。利用由数据驱动的业务流程,发掘新的业务增长点和收入流,更快速地适应变化,并将稀缺资源分配到最有需要的地方。

2. 为什么要成为智慧企业

智慧企业通过以新方式吸引人才,提供卓越的客户体验,以大幅节约成本进行投资创新,使企业能够在不断变化的世界中保持领先。

行业专家表示,智慧企业能够基于宝贵的数据洞察自信地运营业务,利用智能技术开展创新,以及在正确的时间交付卓越的客户体验等。

3. 智慧企业的优势

智慧企业可以挖掘数据资产和数据洞察的价值,赋予员工自主力,让客户受益,并增强运营的可视性、专注度和灵活性。

(1) 提高企业和生态系统的可视性。消除数据孤岛,自动化数据的整理和集成;识别潜藏模式,并向客户和员工提供新的智能服务。

(2) 集中资源,着眼当前与未来发展。合理配置稀缺资源,使其发挥效用;模拟各种潜在选项的结果,立足当下,创新未来。

(3) 灵活颠覆,以智取胜。给业务流程注入灵活性和洞察,从而快速响应变化,适当调整行动方案,直至取得预期的成果,并自如地应对颠覆性竞争对手的挑战。

4. SAP 解决方案助力打造智慧企业

在充满挑战的时代,所有的商业都有相同的目标:实现效益的最大化。为此,它们希望适应不断变化的市场和商业模式。它们希望提高盈利能力,推动可持续增长。它们希望通过创新保持领先。它们希望通过整合来打破孤立。它们想要成功,即使在危机中,也想要有韧性、适应力强和经营最佳的企业。

SAP 支持集成的端到端流程,并将人工智能(AI)、机器学习、物联网(IoT)、区块链和下一代分析等创新引入业务——所有这些都借助 SAP HANA 的速度和力量。这使得我们的模块化业务解决方案组合更加有价值。

我们的战略有三个基本组成部分。首先,支持端到端业务流程的集成应用程序套件。第二,体验管理解决方案,洞察客户、员工和其他关键利益相关者的情绪和感受。最后,一个开放的业务技术平台,嵌入分析和智能技术,以及支持数据管理和集成。SAP 可以在客户选择的基础设施之上提供所有这些——无论是微软 Azure、谷歌云平台、亚马逊网络服务还是阿里巴巴平台。

智慧企业具有如下 4 种关键组件,如图 2-1 所示。

(1) 业务技术平台;
(2) 智慧套件;
(3) 工业云;
(4) 商业网络。

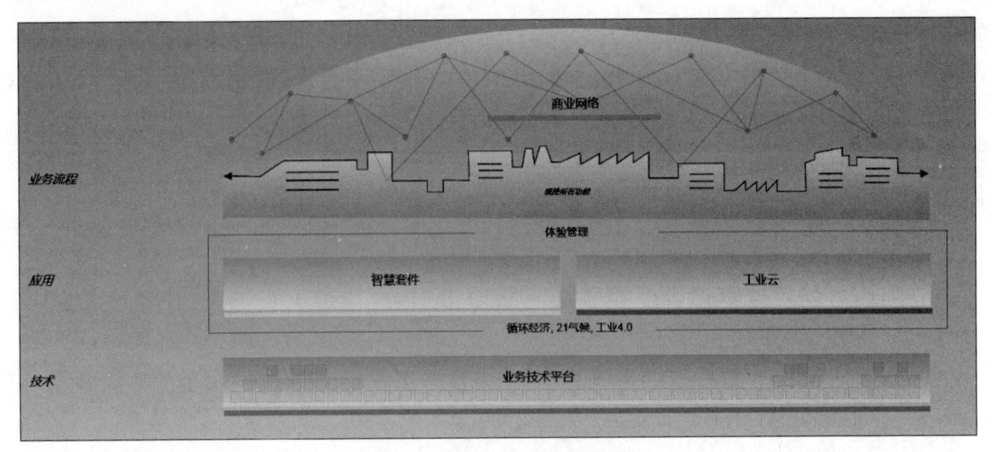

图 2-1 智慧企业关键组件

SAP 提供包含业务应用程序的智慧套件和业务技术平台来帮助管理和分析数据、应用智能、集成流程并创新。SAP 的工业云技术将提供创新的、垂直的解决方案,以改变业务并推动可持续增长。这些解决方案构建在 SAP 云平台上,具有开放的 API 框架、流程模型、域模型和业务服务。这确保了互操作性、快速部署以及与 SAP 智能套件的集成。开发人员可以利用我们平台的人工智能、区块链、物联网和其他先进技术加速创新,创造更大的商业价值。在当今的大多数业务流程中,存在许多依赖关系。一个流程步骤的中断会将整个流程置于风险之中。为了在业务网络中更好地管理这些依赖关系,确保组织内外的密切协作。SAP 建立一种新的业务网络,这种网络可以超越公司内部的业务流程,从而跨生态系统实现跨公司业务流程的数字化。

2.1.2 跨企业的业务流程

业务流程是由一组相互协调、有序关联的步骤构成的活动链条。而业务流程管理是通过资源整合、资源优化,最大限度地满足企业和供应链管理体系需求的一种方法。流程无处不在,在企业应用的各种管理系统中,都会包含大量的业务流程管理场景。通过系统固化流程,把企业的关键流程模块化地导入系统,由系统定义流程的流转规则,达到规范化管理的实质操作。企业通过对内部业务流程的重组优化,能够有效满足企业的管理需求及服务质量的提升。

然而,随着市场规模的高速发展,当今市场竞争已逐步由企业与企业之间,转向价值链与价值链之间。而在价值链运营模式下,面对快速变化的市场环境,企业之间可以通过共享彼此的资源,以及协调和配合企业之间的业务流程,减少大量无意义的重复工作,以此增强企业的核心竞争力。这就决定了市场对于制定跨企业业务流程的新需求。

在企业的日常经营中,我们能看到一些业务不仅在企业内部,也有很多业务需要跨企业的合作,如表 2-1 所示。

表 2-1 跨企业业务流程

业 务	具体业务场景
销售	公司跨国界销售,无海外工厂 公司与国外工厂交叉销售 免费跨公司销售
采购	公司间中央合同采购 公司间的中央采购
货物运输	公司内部与国外工厂的库存运输 跨公司货物运输
财务 & 控制	公司间的费用(发票) 公司间的收入计划 公司间特许权使用费和专有技术费用 公司间的融资 公司间的股息 财务合并-公司内部的消除和合并
服务	跨公司服务—简单的服务供应 跨公司服务—基于项目的交付 跨公司服务—资源相关的账单 跨公司服务—与主要运营公司
交叉的话题	转移定价(价格表,成本加,销售价格减) 税,内外税

以跨公司销售(可能含有海外工厂)为例,可能存在如表 2-2 所示的情况,可以看到在实际销售中存在着不同的跨公司跨国销售的情况,对于不同的场景,可能业务处理情况也不同,例如税的计算标准不一样。

再以公司的采购流程为例:公司采购流程与供应商的订单履行流程一样,有很多重复的工作任务和信息需求。例如,当采购人员填写请购单时,她所做的工作实质上与供应

表 2-2 跨公司销售场景

	国内客户	法国客户	其他欧盟客户	欧盟外客户
客户所在地	DE	FR	其他欧盟国家	欧盟体外国家
公司 A	DE	DE	DE	DE
公司 B	FR	FR	FR	FR
工厂所在地	FR	FR	FR	FR
工厂所有者	FR	FR	FR	FR
物理流程	欧盟体内供应 FR →DE	国内供应(FR)	欧盟体内供应 FR →其他欧盟国家	欧盟外供应 FR →欧盟体外国家
客户发票(税)	国内(DE)	国内 (FR)	欧盟体内	欧盟体外
公司内部发票(税)	欧盟体内	国内 (FR)	欧盟体内	欧盟体内

商的订购单录入人员拿到订单时所做的工作类似。但是,这两个工作流程之间可能几乎没有什么合作。由于公司之间存在很深的鸿沟,这部分电子数据很难进行数据交换,造成了重复劳动,降低了效率,提高了企业成本。由于数据要经过采购方和供应商双方的处理,出错的可能性增大。

因此在实际运作过程中,跨企业的业务流程在效率方面往往存在如下 3 个主要的问题。

(1) 大量的重复劳动。同一笔活动在不同企业各自部门中重复操作。

(2) 流程层次不清,耦合度低下。尽管企业内部的组织机构完整,制度流程明确,但是依旧出现跨企业流程工作效率低下,流程活动不兼容,不够精细化。

(3) 流程逻辑衔接混乱。由于企业间模块衔接不顺,导致流程执行不到位。

如果为了优化过程,我们可以从如下角度来思考:为供应商和采购商接入商业云,对于某些可以共享的信息进行数据共享,利用自动化机器人及机器学习的方式,自动录入订购单,录入人所需要做的只是核实实际订购情况,检查订购单信息是否出错,这样能大大减少重复劳动,提高效率。

智慧企业套件里的工具可以从如下角度帮助企业优化流程。

(1) 跨企业集成。整合流程、人员、产品和资产,创造全面的数字供应链呈现。

(2) 强大的洞察力。整合使用者的真实体验,核实现实操作数据。提供完整的视图,满足横跨商业网络的端到端供应链完全的可见性。

(3) 先进的智能技术。使用机器学习和来自物联网的智能产品和资产的实时数据来给供应链智慧赋能。以此来自动化流程,创新业务,建立模型,预测结果。

尽管依靠加强企业间的合作,以及战略性地调整业务活动的结构,可以有效提升跨企业业务流程的效率,但这并不能全盘解决跨企业业务流程中客观存在的问题。以跨企业中的供应链一体化为例,信任和透明度是实现供应链协同的关键因素,这就造成了企业间的相互依赖性、信任、长期方向、沟通及信息分享的高要求。单纯重组优化业务流程结构并不能一并解决企业间的信任依赖问题。

智慧企业的诞生为解决跨企业的业务流程存在的问题带来了全新的思路。智慧企业深度融合了前沿信息技术、工业技术和管理技术,是在企业数字化改造和智能化应用之后的新型管理模式和组织形态。它是一种全局性和系统性的战略思考,而不是具体、单一的项目计划。

针对特定业务,智慧企业能够以创新的形式提升业务模型;结合先进的信息技术,全方位分析用户需求;智慧企业并不以特定的企业作为项目计划,而是以提升整个产业视野为目标,全方位地帮助产业完成智能化转型;智慧企业战略甚至会综合自动化以及人工智能,以此来改变劳动力的形式。

相比针对单一项目业务流程的定制化重组,智慧企业站在更高的角度上,从全生命周期管理、全方位风险预判,以及全要素智能调控完成整个产业的监控、提升、把关。如上述供应链中的信任依赖问题,智慧企业战略从产业业务模型设计开始,便将企业与企业之间的可见性纳入设计中的一环。SAP digital supply chain solutions、SAP S/4HANA、SAP Ariba solutions,以及 HXM solutions 都是智慧企业战略的优秀典范,都能够很好地帮助企业完成供应链转型。

2.1.3　开放的商业协作网络

在经济全球化和新经济模式的发展背景下,企业和企业处于更加开放的商业协作状态,接下来阐述智慧企业如何应对开放协作带来的挑战。

1. 经济全球化中的挑战

随着经济全球化的发展,各国企业以及本地供应链都在全球范围内参与竞争。要想在国际市场中占有一席之地,经济体中的各大公司都希望专注于提升自身的核心竞争力,把非核心的业务如物流、仓储等外包给其他专业的企业并建立战略伙伴关系。供应链物流管理也变得复杂,在托运人和客户之间有众多的承运人、货运代理、海关和边境管制,导致集成成本昂贵,点对点通信复杂,以及整个供应链的可见性和控制性变差。虽然新技术的出现使托运人和承运人现有的许多合同和费率协议更好地数字化,但对波动的市场价格或物流设备如卡车可用性的了解仍然遥不可及,托运人仍然常常支付更高的价格来满足其货运需求。同时,物流是一个高度多变的市场,而企业满足这些日益增长的需求的采购寻源能力往往是低效的。

全球化也要求供应链变得更健壮，更有弹性。全球经济不确定性的不断增长，导致供应链发生显著变化，甚至出现问题的信号可以来自网络内部甚至外部的任何地方，例如不断上升的关税和成本、社交网络热点事件、地缘政治事件、疫情导致的劳动力中断和极端天气影响。不确定性有可能严重破坏整个供应网络，影响所有涉及供需的问题，如原材料、部件、成品或备件短缺。制造商和供应链规划者必须应对挑战，提高对变化的感知力，从而降低成本、提高利润、优化库存水平、降低供应链的复杂性和风险。

2. 新经济模式的影响

随着互联网和移动支付的普及，实体商品已经供大于求、市场竞争日益激烈，人类社会正在进一步开创体验经济时代。体验经济从本质上看，其实也是服务经济的延伸，相比于一般的商品和服务，体验经济更注重消费者内心，强调顾客的参与和主观感受，消费者的需求越来越呈现出个性化的倾向。消费者期望新颖的产品设计、个性化的订购体验、便捷的送货体验、体贴的售后服务体验。有意思的是，一次全球调查表明，有 80%的企业 CEO 认为他们的公司为消费者提供了卓越的客户体验，但却只有 8%的客户同意这一说法，这从一个侧面证明了，企业的认知和消费者的实际体验之间其实存在着“巨大反差”。消除这种差异，需要企业把客户放在业务的中心，在不牺牲规模和速度的前提下，多渠道即时感知并响应他们的需求，以提供个性化的产品，并通过持续积极的产品、交付和服务体验建立客户信任。

与此同时，新的循环经济号召企业不单以盈利为唯一目标，也注重可持续发展，提供有责任的产品或服务，不损害下一代发展的可能性。循环经济走绿色低碳、可持续发展之路，是以资源节约和循环利用为特征，与环境和谐共存的经济发展模式。以智能数据为动力的新货运时代为例，自动化物流网络为驾驶员和托运人提供了更多的机会，减少了寻找和保护货物所需的时间，并将更多的时间用于将货物投放市场。使托运人能够利用未利用的运力，有助于减少未充分利用的卡车每年产生的 2 亿吨排放量。越来越多的客户希望与提供可持续产品的可持续发展公司做生意，希望确保他们购买的产品符合道德标准，采用对环境有利的材料和工艺进行设计、制造和包装，并尽可能降低碳排放。研究表明，他们实际上愿意支付更多的钱来为地球和环境做正确的事情。在可见的未来，环保也会成为产品的卖点之一，如食品零售品的卡路里标签一样，有责任的消费者也愿意为碳排放低的产品多付额外的费用。企业有社会责任来推动可持续发展的实践，通过可持续的供应链实现社会和经济目标，遵循人道主义做法，并通过物流流程将碳排放降至最低，以保护我们的未来和唯一的地球。

3. 网络的价值与目标

“到 2020 年，50%的大型制造商将开始将其供应链应用从以企业为中心转向以网络为中心，从而使生产率提高 2 个百分点。”——(IDC MarketScape：Worldwide Multi-Enterprise Supply Chain Commerce Network 2018 Vendor Assessment.)

对于企业而言，这意味着什么？意味着从单一线性的系统演进到开放的网络系统中。

网络的基本目标是为参与者创造价值，并为最终消费者提供良好的客户体验。当参与者数量的增加提高了服务或产品的价值时，所谓的“网络效应”就会发挥作用。供应链的核心是制造商、供应商和物流供应商的网络，这些供应商需要将特定的产品提供给企业，然后再送达客户。在这个网络的每个阶段，都应该增加价值，每个阶段的每个参与者都应该被视为一个价值增加与转换节点：将输入(如原材料)通过供应链的关键要素(如存储和运输等)转化为输出(部分或成品/可销售产品)。供应链管理是监督和管理这样一个网络化的行为，以确保它尽可能高效地运行并满足客户的期望。

网络链接是实现多企业商业协作网络的基石。企业需要获得智能连接的能力，并从企业服务的网络中获得价值。

(1) 直接、间接和服务支出的采购。确保接纳新的贸易伙伴和管理已有贸易伙伴。这就是网络发挥关键作用的地方。或与供应商的质量保证团队合作，以确保产品质量。

(2) 综合规划。和贸易伙伴驱动共同价值因素，如成本和效率的提高。

(3) 物流协作。流程自动化可节省时间和管理成本。

(4) 数据集成、见解和高级分析。在同一个集成框架操作业务流程并提高业务价值，提高整个网络的可见性和洞察力，以便更好地了解流程的状态。

(5) 财务机会，如降低成本、优化营运资金、准时交货和提高质量。

(6) 风险管理。针对延迟装运和物流错误的预防性风险跟踪。

开放的协作式商业网络能够帮助企业简化协作并自动化 B2B 交易，在很多行业已经非常成功地接受了网络。例如，电子制造商通过与外包制造商建立网络，在构建和管理其数字供应链方面已经拥有大量经验和知识。消费品组织和零售商可能远远落后，但他们已经开始着手改造供应链和利用网络。

为了经得起未来的考验，供应链中的上下游企业必须在供应链和技术上联合进行投资，通过自动化、人工智能、区块链等新兴技术将业务的不同部分连接起来，提高全流程的透明度，并改善客户体验。要感知和响应业务动态，需要将整个真实世界的业务网络数字化。

(1) 将来自流程、人员、产品和资产的数据汇集在一起，为实体供应链网络提供一个集成的端到端数字孪生体，使设计到全面部署及运营都具有可见性。

(2) 在适当的时间将正确的信息推送到适当的人手中，可以创建智能的、有弹性的流程，能够对不断变化的条件做出快速响应。

(3) 通过客户体验反馈信息中获得洞察，然后利用人工智能对智能连接的资产进行操作，以全面了解所有供应网络。识别机会，从而预测市场的下一步走向。

4. SAP 助力企业升级到智能协作网络

将企业转变为智能供应链包括许多因素，智能供应链的业务目标是在适当的时间、地点，以适当的利润率将正确的产品交付给正确的客户。同时，通过智能化和自动化提高效率和降低成本。这是一个崇高而富有挑战性的目标，只有当供应链完全整合，无缝连接供应商、合同制造商、第三方和第四方物流供应商、仓储、应付账款和其他业务线的贸易伙伴、最终客户时，才能实现这一目标。这种无缝、智能化的供应链实现了敏捷性、灵活性和数据一致性的统一。该网络还提供对信息孤岛产生的风险的可见性，并通过预测和减少中断来帮助企业全面了解当前的状况，而不是遵循传统的方法，包括在库存中创建人工缓冲区和压缩供应商利润。

以智能阀门生产制造与分销为例，可以直接销售阀门，也可以通过经销商销售，如图 2-2 所示。

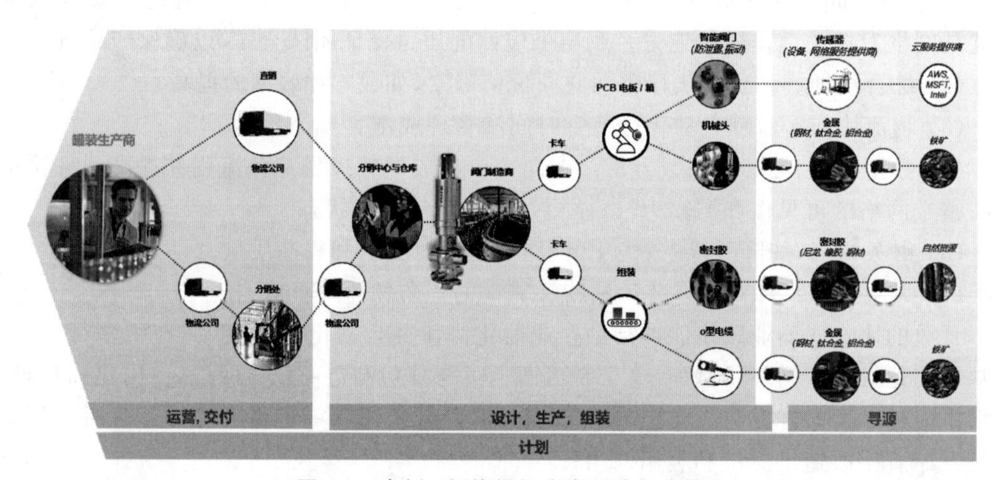

图 2-2　案例：智能阀门生产制造与分销

（1）这些不同的销售渠道可能需要不同的交付模式，其中可能包括将整车装载到分销商仓库，下至单个物流供应商，以定制单个订单。

（2）这反过来又增加了配送设施的复杂性，他们必须组装订单，这些订单可能是同一产品的多个托盘，以及带有定制产品的单个集装箱和介于两者之间的所有货物。

（3）制造设施（包括内部和合同）必须具有从连续生产线到柔性制造单元的灵活性，这些单元能够缩短生产周期，提供个性化阀门。

（4）原材料和包装必须来自全球（可能）所有地区的有道德、公平贸易的供应商。

“满足客户的愿望”即“在他们需要的时候得到他们所需要的”的可见性、计划和物流，需要一个复杂的网络的协作和协调。

SAP 工业 4.0 战略帮助企业实现了这个简单愿望背后复杂的自动化，数字化。工业 4.0 不仅是有以工厂为中心的计划和执行系统，还是结合制造自动化技术与企业业务执行技术，以超越竞争对手的企业级业务战略，解决三大业务优先事项。

(1) 以客户为中心。基于客户的信息和爱好，开展一切工作。

(2) 重塑生产模式。通过智能制造动态响应生产优先事项，同时通过大规模定制服务，重塑生产模式。

(3) 实现整个企业的内外互联。通过革新的工作方式，确保销售、服务和物流等流程与生产流程协调一致。

今天，许多公司仍在部门间运作，它们需要一个连接的供应链。不仅是跨部门的组织，而且包含生态系统的客户、供应商、合同制造商、物流服务提供商和其他合作伙伴。

只有通过将所有的人员、合作伙伴、流程和事物数字化连接起来，才能从供应链的各个领域获取实时信息。有了这些数据，企业管理者可以做出更明智的决策，预测结果，并完善端到端供应链的业务。企业流程协作如图 2-3 所示。

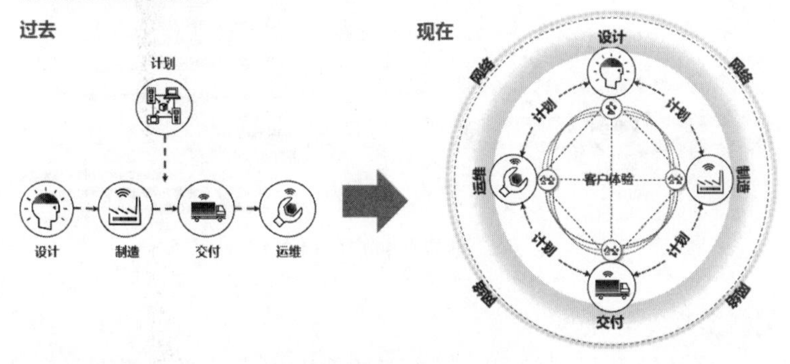

图 2-3　企业流程协作

(1) 从设计新的、更智能的产品，到制造和交付，最后，贯穿产品的整个生命周期。

(2) 自从工厂出现以来，工作一直按照军事原则进行组织，层次分明，目标狭窄，用模拟和机械手段协助通信和控制。科学管理与效率运动之父弗雷德里克·泰勒(Frederic Taylor)进一步将工作分解为易于训练和孤立执行的小型可重复任务。

(3) 这导致了设计、计划、制造、交付和运维各个方面的孤立功能。

(4) 从设计到运行的第一套软件应用程序是为了满足这些孤立功能的需求而开发

的，这只会加剧问题，导致决策周期长，无法在竞争性目标和指标之间进行权衡。

（5）数字化世界中的工作将是网络化的，促进、甚至加强跨职能的合作，最终消除壁垒，协助决策者做出决策。从而帮助客户早期发现降低财务和运营风险，更快地解决问题，提高客户满意度。

（6）人工智能（AI）的作用不是把人从过程中带走，而是把机器人从人类身上拿出来。为了实现更高的决策密度，现代应用程序将为用户提供更广泛的控制范围，随着时间的推移，跨越甚至消除功能孤岛。现代应用程序将注入智能，以协助人类完成日常任务、简单的决策并确保人类意识到需要解决的关键问题。

所以要实现数字化供应链，需要打通从设计到运维的所有环节，从而获得图 2-4 所示数字化供应链（D2O）所述的优势。

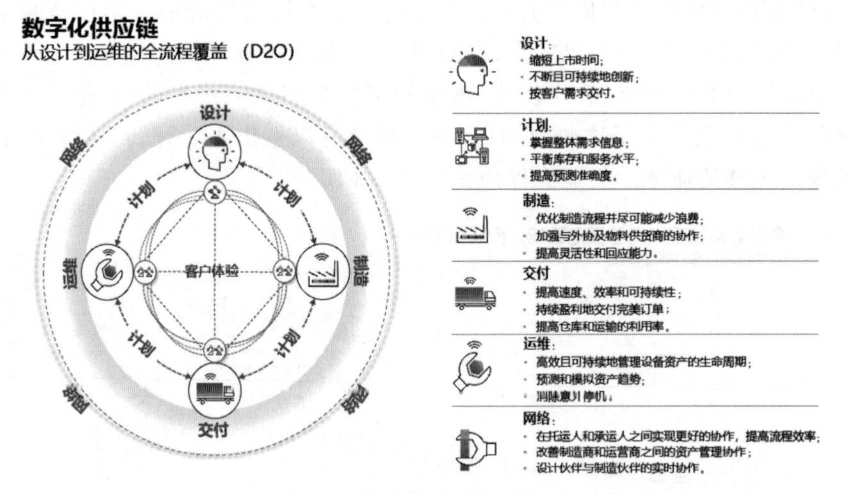

图 2-4 数字化供应链（D2O）

（1）通过创新实现差异化。

物联网（IoT）、区块链和机器学习等技术在商业应用中的兴起建立在更高的计算和处理能力之上；它也促成了第四次工业革命（工业 4.0）的兴起。自动化使业务的每一步都可以定制，帮助客户以批量生产的效率交付个性化产品。使用工业 4.0，公司不仅希望在以客户为导向理念下打破信息壁垒、实现信息可见性，而且还希望实现更高的效率和更优化的新商业模式，获得独特的竞争优势。

（2）通过启用数字连接。

物联网和社交网络舆情信息等非结构化数据正在生成以前难以想象的供应链大数据。利用这些大数据，通过机器学习和人工智能驱动智能资产和产品，并通过预测分析改善最终用户体验和能力。区块链可以通过提高透明度、可审核性和法规遵从性来提高数据安全性和信任度。3D 打印在整个数字供应链中具有巨大的潜力，从设计的快速原型设计到增材制造，再到通过降低库存成本、提高灵活性和响应能力以及按需打印服务重新考虑售后服务备件库存。

(3) 完善现实。

需要运营可视性和客户智能，以数字化方式管理整个供应链并完美地执行，同时为未来转变业务。利用机器学习和人工智能等技术，以及嵌入端到端业务流程中的预测性维护：新智能产品和资产的设计，移交制造(制造)，通过多模式、全渠道的物流配送流程。包括现场运营资产的售后维护和服务(运营)，在任何时候，在整个端到端供应链中都有集成的业务计划流程(PLAN)，有了这一点，客户可以重新设想业务流程，利用实时信息进行实时决策。SAP 的供应链解决方案以数字方式连接整个供应链，因此可以在今天以最佳状态交付产品，同时调整并不断改进以重塑明天的交付方式。

借助 SAP，可以创建一个完整供应链的数字镜像，从设计、规划和制造到物流和日常维护，自始至终嵌入智能，并确保客户是业务的每个阶段的中心。

通过将业务流程与来自资产、设备、客户和供应商的实时数据连接起来，可以在设计、交付和部署产品时获得全面的可见性。

2.2　智慧企业系统与区块链的融合

区块链的先天优势能够使供应链上的企业达成多方协作，为了满足企业级工业需求，工业区块链要满足一定的技术条件。

2.2.1　智慧企业需要工业区块链

随着人们对高质量生活的追求，消费市场由通用、稳定的产品市场逐渐往个性化、快速变化的市场转变，个性化定制逐渐成为制造业未来的竞争力与盈利点。借助于 5G 通信、工业机器人、智能传感器与物联网、云计算、大数据与人工智能等现代技术的迅猛发展，智慧企业将供应链中的资产、物料、生产设备、内部部门、上下游企业、终端消费者等信息互联互通、实时集成反馈，使得整个工业 4.0 工厂获得智能感知能力，实现从传统制造转向个性化定制。要想社会产品的整个生产过程柔性化、个性化，供应链上下游的每家企业都要努力变成信息驱动型企业，互联到企业研发、生产、销售等内外各个环节，进而重塑产业生产方式，提高产业的整体效率。

数据作为企业重要的核心生产要素，在生产的过程中，产业链不仅利用互联互通提高生产与物流效率，还将产品信息变成数据要素与产品本身一起塑造数字孪生体(digital twin)。如果数据能够确定所有权并保证唯一,在交易过程中直接转移,可以推动所有权与使用权分离,成为具有价值的数据资源,并通过数据产品和服务拓展产业链的价值空间。

另外,产业链上、中、下游企业的各种业务往来信息,如应收账款、应付账款、仓单等沉淀下来可以形成信用数据,依赖产业价值链发展出相应的产业互联网金融。产业互联网金融以信息流转带动信用流转,相比传统金融供给体系无法解决的供应链上下游中小微企业融资难的问题,将企业业务数据与金融服务紧密结合起来,供应链生态圈的交易完全透明可信,可以传递核心企业信用,提高融资便利性与风控水平;交易链中的实物资产真实,产品、资金流动清晰可见,容易溯源,避免重复抵押,可以解决多方债务清结算问题。

多方协同以相互信任为基础与桥梁。区块链技术具有去中心化、信息不可篡改、集体维护、可靠数据库、公开透明五大特征,工业区块链能够连接大数据与人工智能,积累企业的信用资源,形成价值传输的生产方式,为多方协同生产提供可行保障。

2.2.2 工业区块链的技术要求

相比传统的区块链技术所服务的消费互联网,工业互联网的建设与参与者更丰富,包含了供应链的核心企业、上下游企业、金融服务企业、终端消费者、智能资产、设备以及相关从业人员;加上产品生产与交易往来的多样性导致了价值链更复杂、链条更长。要想实现工业数据互信、互联、共享,除了共享账本、机器共识、智能合约等区块链传统技术以外,还需要考虑如下技术要求以实现安全、信任基础上的大规模生产协同。

1. 实时性,高吞吐量,历史数据处理与能耗

数字化工厂端采用工业云技术,利用工业区块链和智能合约完成中间订单信息传输和供应链清结算,工业制造领域对性能和安全有严格的要求,当前的区块链技术在共识速度、存储容量上存在诸多不足,以 100～1000TPS 量级的写入能力,很难支撑工业互联网的低延时高吞吐量要求。另外,从生产成本的角度考虑,工业数据有其生命周期,需要妥善处理生产过程中的中间数据,降低整体的数据处理、存储的能耗。

2. 隐私与受限访问

工业互联网打破了传统的网络安全界限,企业内网、行业网络与互联网相互连接,大量工业互联网资产在公网间接暴露,安全边界不断延伸。由于工业制造行业的特殊性,大型工业企业和中小型工业企业的工业化、信息化水平和工业互联网化的基础设施建设参差不齐,其中的薄弱环节可能成为网络攻击的重点目标。

区块链技术除了真实性与完整性,还需要针对工业互联网的安全需求,利用区块链准入机制与智能合约来制定敏感与隐私数据的访问控制策略,控制其执行、受限(按时、按角色)访问,可控分享,访问可追溯来保护数据权益。

3. 构建可信数字孪生

数字化工厂中高度协同的生产单元涉及各种智能生产设备,保证这些设备的身份唯一辨识、访问与控制可信、资产转移状态可信、所有权与使用权的责任认定可信是实现工业安全的前提与多方协作的基础。这要求以区块链为基础,建立设备、人、机构的可信数字孪生,进一步通过智能合约以及分布式账本来刻画组织相应的生产过程,使其线上价值与真实世界的价值转移相一致,从而促进了生产要素的流通,提高整个社会生产的效率。

4. 统一的语义模型与智能分析能力

区块链作为可靠的分布式存储系统记录了核心数据,结合 off-chain 事务数据进行融合分析,从而指导现实生产是发展区块链商业化应用的重要引擎。需要为可信数据定义统一的语义模型,使低成本的、实时的内存分析处理(OLAP)成为可能。同时具备集成非结构化数据的能力,如预测分析和机器学习、文本分析、地理空间处理、图形分析、时间序列数据处理、文档存储(JSON)、数据流分析、业务规则引擎和数据匿名化服务等,获得智能分析指导能力。

5. 集成与演进能力

产业升级不是一蹴而就的,需要考虑现实产业的行业、地域、阶段的不同状况规划设计网络发展路径。产业链的参与者的利益视角不同、角色不同,有制造和服务核心企业、上下游企业、仓储物流企业、金融服务企业、政府监管机构等,工业区块链要结合不同企业的 IT 系统发展现状,融合已有 IT 数据资产。在未来,不同区块链(公有链、私有链和联盟链)之间的互操作性将变得尤为重要,如果将不同行业(如能源、银行、保险、医疗和汽车行业)的区块链连接起来,可以发挥网络价值。

2.2.3 工业区块链的业务场景

主要的工业区块链业务场景包括去中心化协作、可信数据控制和资产数字化等方面。

1. 去中心化协作

当一家公司合作的供应商以及物料运输遍布全球,区块链可以帮助该公司追踪供应链中的所有环节,并且在没有涉及可信任第三方的情况下,保障每一个环节的正确性以及真实性。这就是区块链在供应链应用下的场景。即使在区块链中,这些参与的公司之间并没有很高的信任度,这些公司依旧可以通过区块链的可验证性,确保链上交易记录的正确性以及安全性,而这就是工业区块链在去中心化协作中的优势。区块链的机制与供应链应用的业务特征有着非常良好的结合,主要体现在以下几点。

(1) 共识。

为了使一笔交易有效,链上的每一个参与者都需要达成一致,才能生成新的区块。当区块上有所变动的时候,每一个链中参与者都会及时知晓。对于供应链而言,工业区块链的共识机制可以应用在供应链中的各类交易上,例如付款、仓库交易、运输等,区块链将以这些数据作为需要达成共识的对象。共识机制取代了中心化的第三方权威,行使记录交易的职责。

(2) 可追溯性。

实际上,供应链在区块链应用中,最主要依仗的就是区块链的可追溯性。区块链技术可以帮助使用者清晰地知晓原材料以及产品在供应链中的位置。对于供应链中的任何资产,如食品、金钱、机器甚至知识产权,都可以被追溯到不同时间点,明确谁是这些资产的拥有者。

(3) 不可更改性。

对于区块链来说,所有共享的数据在不同节点上都有相同的备份。因此,如果想要对链上的某一笔交易进行更改,所有节点需要同时被更改。区块链的数据具有不可更改性,这就保障了供应链中付款交易、送货时间等数据不可被做假。这种特性为供应链上所有参与者构建了更紧密的合作,减少了不必要的争端。

尽管区块链在供应链中的实际应用案例依旧较少,但现在依旧有越来越多的供应链管理项目在研究如何应用区块链技术。许多的食品安全问题就是来自难以追踪食品生产中的过失环节。如果将工业区块链应用在食品供应链中,食品材料追溯、时间节点把控、材料供应商声誉将可以被直观地统计分析,无论是供应商、生产商还是客户,都可以在区块链的帮助下公开透明地得到自己想要的信息。

供应链管理需要对成千上万笔交易进行处理,工业区块链可以显著提升供应链管理的效率。其中起到决定性因素的,便是将合作伙伴之间的信任问题,转向共识协议机制,从而解决人工处理流程的缓慢低效问题。而区块链的可追溯性使得链上数据公开透明,这就帮助供应链中参与的公司,能够更好、更快地分析存货的利用率,更好地掌握送货时间,并减少灰色市场产品的投入。同时,区块链减少了供应链中的交易费。如果将供应链中的付款流程一并纳入区块链应用中,如利用智能合约去自动触发供应链中的一些操作,像是设定送货延迟或者丢失的情况下,自动触发赔付流程。供应链管理传统应用向区块链应用转型,可以在去中心化的状态下多方协作,更高效地提高供应链管理流程。

2. 可信数据控制

随着数字经济的发展,在司法实践中,电子存证逐渐被广泛应用。电子存证是指将电子数据证据信息保存在安全稳定的数据库中,以便在需要使用时调取出来,同时,把上述过程通过可靠的方式记录并传输,来证明特定时间的电子数据的状态,也可证明电子数据在存储后并未被篡改。

目前市面上的电子存证分为两类。第一类是公证机构提供的存证服务，客户将需要进行存储并公证的电子数据送至公证机构，公证机构在收到电子数据后出具公证文书；第二类是第三方存证机构提供的存证服务，它的服务模式一般是客户将电子数据发送至第三方存证机构，付费申请存证机构的存储业务，第三方存储机构在收到并存储电子数据后，向客户出具"电子数据保全证书"。

可信需要满足真实、正确和安全等要素。那么在数字世界中，如何定义一个数据是可信，通常从如下几个维度来衡量：

(1) 可信的数据源；

(2) 可信的数据传输环境；

(3) 可信的数据云计算和校验；

(4) 可信的智能合约框架；

(5) 可信的时间戳，用来不可篡改地记录时间产生的精确时间。

根据2019年6月，可信区块链推进计划发布的《区块链司法存证应用白皮书》(V1.0)，电子数据存证在司法实践中存在单方存证、数据易丢失、存储成本高、数据追溯难的问题；在取证过程中存在证据原件和设备不可分，原件可以被单方修改；在示证过程中存在难通过纸质方式展示和固定，复制件存在篡改的可能，公正的需求增加，浪费司法资源；在举证过程中，双方举证易有出入，难断定；在认定过程中，存在证据的真实性、可靠性和完整性认定较困难的问题。

针对企业大量电子化数据需要多方共识，不可篡改的需求，通过区块链、哈希验证、电子签名、可信时间戳等技术保障电子数据的法律效力。当企业的信息发生纠纷时，提供高效、完整、真实的电子数据，为企业节约处理纠纷的时间、人力成本，提高维权效率。

根据工业互联网产业联盟发布的《工业区块链白皮书》，在工业应用中，为了实现机器、车间、企业、人之间的可信互联，需要确保从设备端产生、边缘侧计算、数据连接、云端储存分析、设计生产运营的全过程可信，从而触发上层的可信工业互联网应用、可信数据交换、合规监管等。区块链技术特点面向工业应用需求，将会在工业互联网的各个层面对其进行加强，从而实现工业数据共享和柔性监管。应用包括设备身份管理、设备访问控制、设备运营状况的监管、供应链可视化等。

3. 资产数字化

为了实现联合国SDG可持续发展目标，可持续制造愿景要求制造商在网络中共享产品生命周期，进行协同制造。可持续协同制造将核心制造商在传统的生产车间内的流水线生产扩大到将整个社会看为虚拟工厂的分布式任务协同生产，参与产品制造的社会化资源更丰富和反馈信息更及时准确，使得生产要素跨越了空间得到充分利用，生产关系更加顺畅，满足终端消费者的需求体验。

在产品生产与维护的全生命周期中，利用区块链技术与数字孪生体对可替换组件进行可信管理是当前的热门话题。以满足个人消费者饮用咖啡的需求为例，传统的售卖流程中，咖啡机生产商生产整机设备，通过分销与零售商卖给终端门店或个人消费者，终端消费者购买各种规格（大小、材质）的咖啡原料、牛奶等制作成咖啡。大型的咖啡机还需要根据使用频率，定期由维护商维护，并根据原料消耗量按时补充咖啡、水、牛奶等。在设备的生命周期中，咖啡整机商需要组织生产，承担库存风险，对市场消费者的爱好变化（是否加冰、奶盖、茶粉）反馈较慢，零部件损耗情况不明了；终端门店需要全资购买咖啡机、租赁场所、买足咖啡豆等库存并保证质量，承担广告成本；个人消费者由于产品种类的限制，只能按现有能力满足需求；维护商不能对配件的损耗原因（咖啡豆不满足规格、管道清洗间隔不对、温度设置不对）进行准确定位。

数字孪生体概念由密歇根大学的 Michael Grieves 首次提出，是物理资产在数字世界中的实时表示，是工业 4.0 或物联网的核心部分。以连接到云的专业咖啡机整机的数字孪生体为例，它既数字化了资产的核心参数（如品牌、型号、出厂时间等）和上下文相关的属性，如设备维护（数字化了核心零配件的数字孪生体，维护时间、更换记录等）以及设备归属（所有人，食品安全部门登记号）；同时传感器记录了实时信息，如 GPS 定位，当前耗材的生产批次与剩余存储量等。通过不同传感器记录其数字孪生体到区块链，利益相关者对于分散在社会各个地理位置的终端咖啡机进行可信管理。如维护人员对各种条件下的设备状态有了更好评估，整机制造商可以制定之后的产品创新策略或召回策略，监管机构和门店可以很快追溯食品安全问题，消费者变化的需求可以更好地被满足。

不仅解决了数据孤岛和及时反馈的问题，资产数字化同时建立新型自主、共享、协作型商业模式的有效技术路径，如融资租赁、供应链金融等。依然以融资租赁的专业咖啡机为例，大型商场（租赁的当事人）根据门店（承租人）的决定向承租人选定的咖啡整机（供货人）购买承租人选定的设备，以承租人支付租金为条件，将该物件的使用权转让给承租人，并在一个不间断的长期租赁期间内，通过收取固定租金或者按使用量的方式，收回全部或大部分投资。大型商场可以与咖啡整机商达成机身广告合作，与商场内的超市达成消耗性原材料的批发需求，终端消费可以有更丰富的选择预定不同产品搭配的成品等。通过协作型商业模式，各个参与方分担了资产全生命周期整体的融资成本与风险，加快了资金周转与产品创新频率，满足了不断变化的市场需求。

当然以区块链构建的咖啡机可信租赁只是一个简单的例子，同样的商业创新与技术架构可以灵活运用到飞机、远洋运输船舶、通信设备和大型成套设备，甚至港口、电力、城市基础设施项目的融资租赁场景中，承租人盘活已有资产，可以快速筹集企业发展所需资金，顺应市场需求，同时享受税收好处、操作规范、综合效益好、租金回收安全、费用低等优势,优化了社会资源的配置,减低企业技术改造成本和提高设备升级可能性。

当前区块链与工业互联网融合的应用模式目前尚处于概念验证阶段,尚无统一的行业标准。考虑到工业行业和应用场景的复杂性,以及企业用户需求的多元化特征,场景、技术方案、成本与盈利模式还需要在逐步探索中完善,并开拓生态吸引更多企业参与工业网络,促进产业链快速迭代。

第3章

SAP 区块链

SAP 作为区块链社区的重要参与者，您是否好奇它究竟提供了哪些区块链服务？本章将从 SAP 区块链成功案例出发，然后从技术角度逐一、详细介绍 SAP 云平台上提供的区块链服务和 SAP HANA 区块链服务。希望能帮助您更好地了解如何使用 SAP 的区块链服务。

3.1 基于区块链的新商业模式

通过前两章的介绍，我们了解到区块链和分布式记账技术利用了一系列技术手段对数据进行了上链“封装”，形成了可信、共识防篡改的技术体系，从而在应用层面，为存证和确权、交易和交换、溯源、资产金融化等方面提供了技术支持。企业面对具体的业务应用挑战时，往往可以通过两种途径来解决，如图 3-1 所示。一种选择是由组织主导，借助管理和运营的中央数据库实现；另一种选择是通过区块链方法建立共享所有权，借助治理和运营的共享分布式账本实现。例如，在面对药品追溯验证的需求时，欧盟存在一个中央系统可以直接将 SAP ATTP 等系统连接到“国家药品验证系统”，但是如美国，没有中央系统，就可以尝试用区块链来解决这个问题。

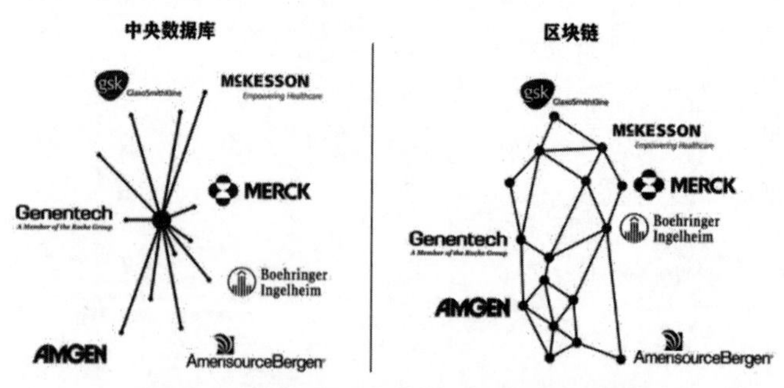

图 3-1 药品验证传统模式与区块链模式

3.1.1　SAP 区块链联盟项目

SAP 积极致力于企业级区块链场景的探索和实践，并且运用区块链业务网络对客户提供不同场景的业务支持。SAP 于 2017 年加入由 Linux 基金会领导的超级账本项目，并在中国可信区块链联盟被选举为副理事长单位，同时成立了 SAP 区块链联盟，该联盟致力于运用区块链技术探索行业特定的挑战，现在联盟里有超过 40 位客户，其中包括高科技公司英特尔、联想等。同时，SAP 区块链合作创新项目整合了 SAP 客户的行业价值链，并且有超过 100 位客户已经参与到区块链概念验证和产品验证中。与 SAP 区块链合作创新项目的部分客户如图 3-2 所示。

图 3-2　与 SAP 区块链合作创新项目的部分客户

在不同行业、不同业务线上，当企业的共享数据需要治理时，区块链就会发挥作用，为效率提升带来机遇。SAP 在溯源、供应链、公共部门信息管理、运输、金融等方向通过突出展示有效的解决方案来证明企业区块链所带来的商业价值。

区块链的应用可以分为如下两种模式。

(1) 与现有公链集成。

模式一是与现有公链集成，直接基于去中心化的区块链技术，实现价值传递和交易等应用，如数字货币。瑞波(Ripple)是一家专注于国际支付转账的实时支付结算服务商，受区块链启发的瑞波交易协议(Ripple transaction protocol，RTXP)创建于 2012 年，是一份旨在促进和发展全球最快速最廉价货币交易系统的国际协议。目前全球大多数国家的大多数银行已使用 SWIFT 系统。SWIFT 又称为“环球同业银行金融电讯协会”，是国际银行同业间的国际合作组织，成立于 1973 年。相对于 SWIFT，在当前的国际支付场景中，Ripple 更加快捷，可以做到在几分钟内就完成支付结算。加拿大最大的金融机构 ATB Financial 已经与 SAP、Ripple 和德国 ReiseBank AG 合作，将第一笔真正的国际区块链款项从加拿大汇往德国。

但模式一场景的创新潜力有限，因为它是一个纯粹的集成主题，没有太多空间用于新的业务应用程序。预计区块链在各行业的应用，将以模式二为主，即多方协作场景。

(2) 多方协作。

模式二即是多方协作的"区块链＋"模式，将传统的场景和区块链底层协议相结合，以便提高效率，降低成本。

什么是多方协作呢？指的是许多在组织单元中拥有同等权利的参与者在一个业务流程中一起工作，例如：

- 一组银行合作进行国际支付转移；
- 一群来自食品行业的人员合作追踪食品；
- 一群制造商共同建造一架飞机；
- 一组保险公司在担保方面进行合作；
- 非政府组织、一些国家代表和公民致力于"安全捐赠"。

3.1.2 SAP 区块链行业应用案例

SAP 作为世界最大的商业软件提供商，一直致力于探索区块链在各个行业的商业应用价值，为客户提供最佳技术解决方案。目前，SAP 已与政府、食品供应链、运输、制药等领域的 60 多家企业进行合作，共同探索区块链技术的应用。下面介绍 SAP 是如何利用区块链技术解决各行业中多方协作的痛点的。

1. 公共事务

(1) 行业现状和痛点。

通常政府职能部门工作人员每天需要处理大量的文档，审核、盖章然后等待申请者领取纸质文档。申请者多数情况下还需要将类似或者完全一样的信息提交到其他的政府部门，进而完成所有审批流程。不难看出在当前情况下，政府机构之间信息共享还没能完全实现，申请者不得不去不同的机构完成类似甚至相同的事情，与此同时，政府工作人员也需要花费较长的时间反复验证申请者的信息。设想如果申请者信息能够被有效、统一、安全地管理，这将极大缩短审核流程，申请者再也无须去不同的机构反复证明自己的身份信息，这将从根本上颠覆目前的工作流程。而区块链技术有很大的潜力解决此类复杂流程问题。

（2）案例阐述。

在意大利，Agenzia per l'Italia Digitale（AGID）定义了所有办事机构必须遵循一定的公民办事流程。博尔扎诺（Bolzano）是意大利东北部的城市，是重要的工商业中心。博尔扎诺的基础建设办公室遵循着 AGID 定义的协议来管理公民办事流程。在博尔扎诺术语中，他们使用所谓的“分册管理业务”，分册是一种容器，其中业务流程和附加文档通过数字化方式保存。数字化存储的分册为区块链的实施提供了可能性。博尔扎诺有 21 个办事处，目前主要使用 IDP（Ideatity Provider）系统作为用户身份验证，所有的办事处都连接到 IDP 系统。

（3）SAP 解决方案。

SAP 区块链团队携手当地机构就建设单位的补助金问题一同创建了区块链的解决方案。该方案力图创建新的组织模型和办事流程，公务员可以通过移动应用端，远程轻松管理申请者物理文件的转移。

在概念验证阶段，SAP 团队在 SAP Cloud Platform（SAP CP）一个账户中创建了 3 个相互连接的 Multichain 节点和 3 个 Java 应用程序。每个 Java 应用程序都连接到其中一个区块链节点。然后为每一个办事处创建一个区块链账户，这些账户用于创建区块链交易。接下来通过一个简单的 REST 服务为每个办事处账户分配名称，这些名称显示在用户界面中，如图 3-3 所示，例如创建者：Office for Construction。

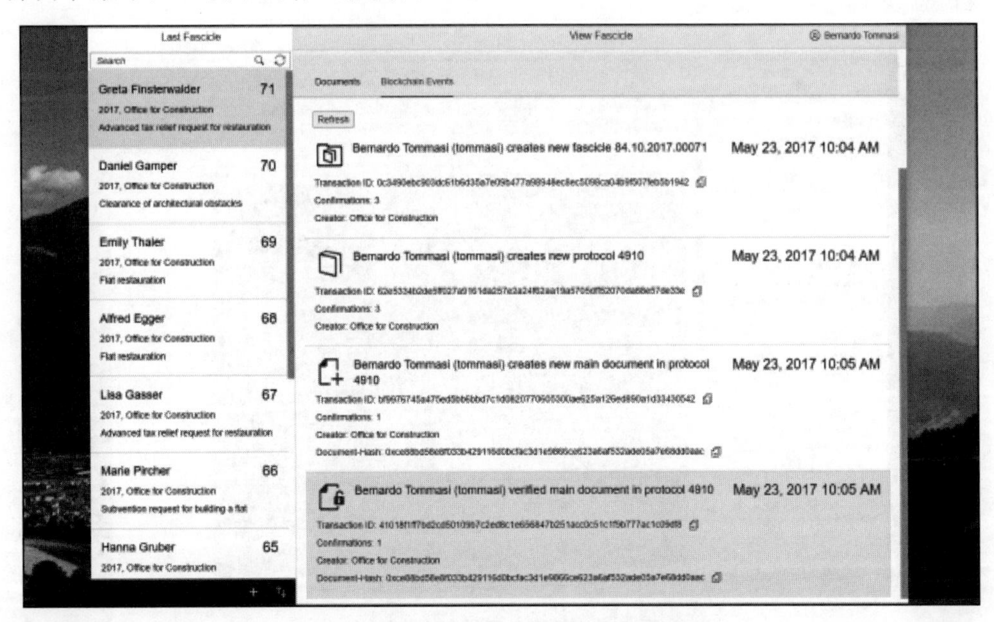

图 3-3　显示办事处账户名称的用户界面

SAP 团队通过区块链存储所谓的分册的所有交易。区块链记录了交易的时间戳，保证了信息的不可篡改性。我们将分册 id 作为键值，数据作为流值存储，如图 3-4 所示。

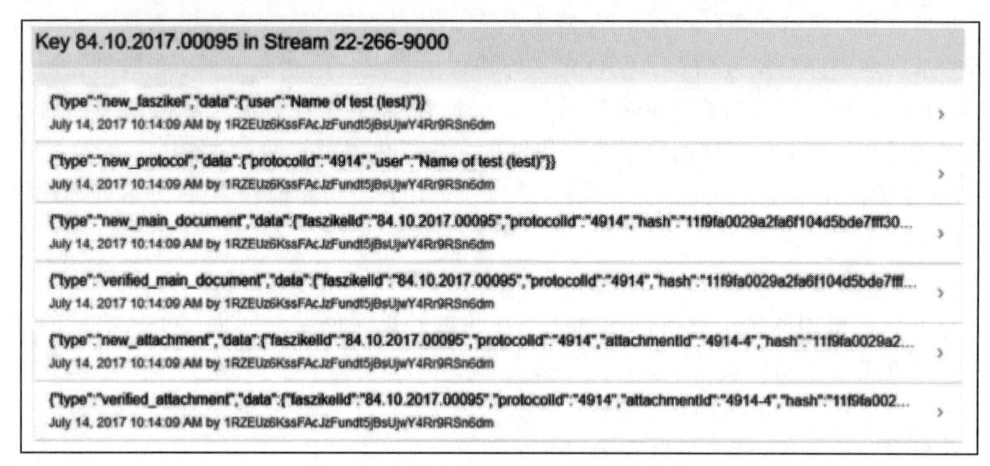

图 3-4　存储在区块链的原始数据格式

通过该方案，新分册的创建、物理文档的扫描、物理和数字文档的验证以及员工的数字签名全部合并为一步，如图 3-5 所示。整合好的分册信息可以方便地通过 multichain 实现信息共享。

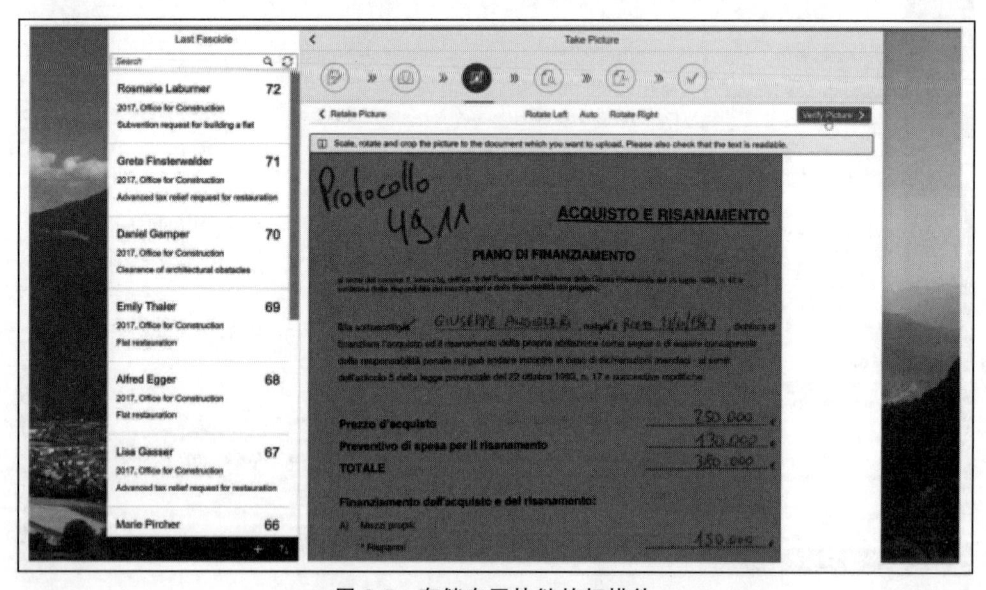

图 3-5　存储在区块链的扫描件

(4) 商业价值。

该方案成功帮助博尔扎诺市政机构重新定义了办事流程，整合了原来相对零散、不统一的分册处理机制。这极大程度上去除原先重复性的工作，申请人无须反复去不同的市政机构递交材料，公务员也可以方便地在移动端处理文档，同时在区块链保证的前提下有效共享给其他机构。更重要的是，该方案也推开了区块链在政府机构应用的大门，证明了区块链的应用价值，相信区块链还会在相同领域扮演更加重要的角色。

2. 食品供应链

(1) 行业现状与痛点。

食品供应链有着极其复杂的流程，参与方直接或间接地影响着食品的生产和运输及最终品质。在食品的生产、流通、销售过程中，各参与方分别记录产品信息，并且只在必要的时候跟有商业利益关系的合作伙伴共享这些信息。随着食品在供应链中的流转，完整的溯源信息并没有被记录下来。这就导致了以下问题：首先，缺乏时效数据降低了供应链参与方对市场预判的准确度；其次，消费者只能通过最后环节，即零售商贴的标签了解产品，无法真实完整地获知食品的产地和质量信息；最后，在需要对产品进行召回时，由于信息的缺失，供应商不得不将各方数据进行汇总比较，这无疑是低效的。

(2) 案例阐述。

① 从藤枝到餐桌——蓝莓的验证之旅。

Naturipe 是著名的浆果品牌，其历史可以追溯到 1917 年。旗下产品包括蓝莓、黑莓、树莓、草莓和蔓越莓等。Naturipe 在全球拥有 700 家中小型农场，其中蓝莓种植历史悠久，很多都是多代传承种植，种植地区包括智利、美国、阿根廷和墨西哥等，南北美洲两地恰好形成季节互补，实现全年无间断供应。

为了追溯鲜果产品，统一产品品质，加快鲜果出口，针对食品供应链行业面临的种种挑战，Naturipe 与 SAP 合作，通过实施区块链技术，建立水果溯源体系，记录蓝莓从种植到零售的生命周期。

农场收集和分享农作物的生产信息，例如产地、是否有机、生长周期等，数字化作物生长周期如图 3-6 所示。

分销商将货运信息、发送者、接受者和批次信息等上链，如图 3-7 所示。

在最后环节，即零售商收到产品之后，将自己的信息也记录在区块链上，如图 3-8 所示。

当发生产品召回时，分销商和零售商可以快速找到被影响到的商品批次，及时从市场撤回问题产品，并通过记录在区块链中的信息来甄别问题源头。同时，客户也可以通过手机 App 等终端了解产品的生命周期。

图 3-6　数字化作物生长周期

图 3-7　采集，物流信息上链

图 3-8　验证蓝莓之旅

② 从海洋到餐桌——讲述每一条金枪鱼的故事。

总部位于圣地亚哥的 Bumble Bee Foods(大黄蜂食品)是北美最大的海鲜罐头公司,提供全系列罐装和袋装金枪鱼、鲑鱼、沙丁鱼和特种蛋白产品。Bumble Bee Foods 长期以来一直是海鲜产品追踪的行业领导者,为了进一步提高产品供应链对消费者和客户的透明度,履行对国际海产品可持续性基金会的承诺,确保原料是公平采购的新鲜金枪鱼。Bumble Bee Foods 和 SAP 合作,继续创新和改进海鲜的可追溯性。

Bumble Bee Foods 正在使用 SAP 云平台区块链服务追踪黄鳍金枪鱼从印度尼西亚洋到餐桌的旅程。

借助 SAP 的区块链技术,通过将金枪鱼捕捞、运输、检验、产品包装等环节信息上链。消费者和客户可以通过使用智能手机扫描产品包装上的二维码,轻松访问 Anova® 黄鳍金枪鱼罐头的完整来源和历史。区块链技术通过代码的快速转换,提供了有关鱼市之旅的即时信息,包括捕获物的大小、捕获点和捕获它的社区,以及验证真实性、新鲜性、安全性等。

区块链技术允许 Bumble Bee Foods 等公司存储数据并创建防篡改的供应链历史记录,每个参与者都可以共享和查看这些历史记录。对于 Bumble Bee Foods 来说,区块链是在各方之间共享数据的最安全的方式,因为它是不可破坏和可验证的。Bumble Bee Foods 是第一家将 SAP 区块链技术成功纳入生产的食品公司。

(3) 商业价值。

据世界卫生组织统计,每年全球有 40 多万人死于受污染的食物,全球每年有约 10% 的人口因为食品安全问题罹患疾病,通过区块链提升食品供应链的效率,提供对于食品数据的存储和追溯能力,可以准确及时地发现和控制食源性疾病的传播蔓延。同时,食品企业通过区块链技术实现创新的同时,支持消费者溯源并加强他们对品牌的信心。

3. 运输行业

(1) 行业现状与痛点。

在当前的国际航运管理中,有许多缔约方扮演着不同的角色。如卖方(托运人)和买方(收货人),它们的银行(出口、进口、代理银行)、货运代理、承运人和政府部门等(海关、税务、安全、港口等)。这些缔约方都使用着各自独立的数字系统。其中一些系统之间通过 B2B(Business to Business)接口进行数据交换,但是由于没有单一的真实来源。为了"证明事实真相",仍需通过快递服务(DHL 快递、联邦快递等)交换并装运带有印章和签名的纸质原始表格。文件的处理和运输占据了物流总成本很大一部分。

提货单是一种纸质单据,由海运公司签发。在国际贸易中,它被用作货物的确权证据,经承运人确认已收到货物,并在目的地将货物交给单据持有人。这是货物所有权的证明。提货单原件持有人是货物的所有人,是唯一有权从卸货港提货的人。当船在途中(如商品交易)时,货物所有权可能会发生变化,由于货物无法移交,提货单却是可以移交的。

所以各缔约方都需要查看提货单原件，以确认或批准贸易、出口、进口、融资等。

这个过程主要存在以下痛点。

① 多方处理的数据或文档没有单一的真实来源→各方系统之间 B2B 接口的开发成本高昂。

② 因纸质文件的运输导致的时间成本，在文件运输过程中如果集装箱无法被按时提取，在卸货港产生的滞留成本。

③ 去数字化和再数字化：将数字化单据打印成纸质单据→寄送纸质单据→将纸质单据扫描成 PDF 文件。

④ 基于电子邮件的审查周期、审批流程冗长。

⑤ E2E 流程中相关文件真实性无法保证。

⑥ 遭遇假冒提货单/欺诈，导致货物被盗。

⑦ 纸质提货单丢失风险。

(2) 案例阐述。

通过区块链技术，SAP 引入了"电子提货单"，不同业务伙伴间的货品传递实现了真正的安全、互信、无纸化。当货物到港的时候，电子提货单的所有者能直接从货运商变更为下一阶段的所有者。

(3) 技术架构。

其技术架构如图 3-9 所示。

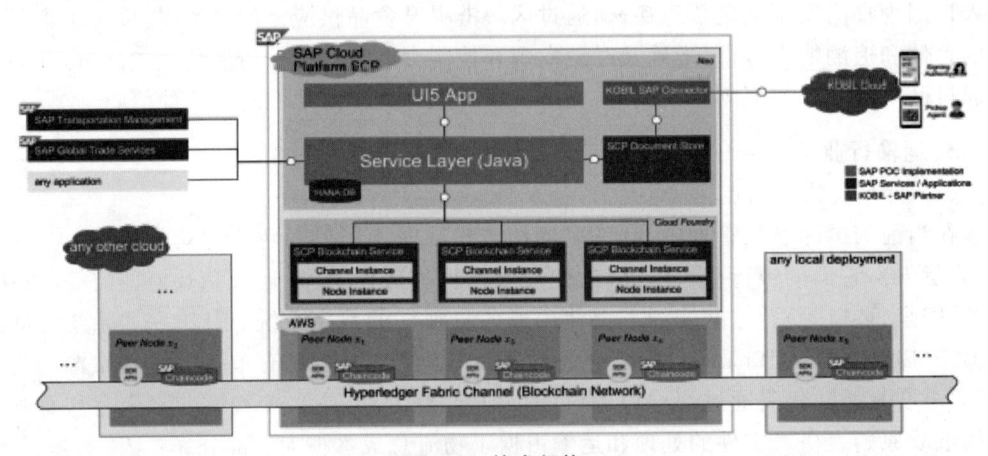

图 3-9 技术架构

(4) 商业价值。

将航运各方聚集在区块链网络中，可以使每一方以不同的方式和程度受益。在信息数字化的过程中提高效率与透明度，从而节省实际成本，例如纸张运输成本，或在卸货港的滞期费/滞留费。

由于区块链技术非常昂贵，产生的价值和成本节约应以一种有待商定的方式共享。在一个完美的世界场景中，世界上的公司组成一个联盟（联合），以便拥有一个管理委员会来决定成员资格、费用、规则、技术、合作伙伴等事宜。

未来，这些各方将实施接口或所谓的后端适配器，以便将记录系统与区块链网络连接起来。最终用户将无法识别数据是否来自区块链等。SAP 将需要为相关后端提供区块链适配器，以提供获得区块链价值的先决条件。

产生的价值如下。

① 提高最终用户的效率。

② 无须人工处理纸质文件（接收、分类、扫描、发送等）。

③ 不需要重复输入数据。

④ 提高信息透明度/可见性。

⑤ 确保 E2E 流程中所有文件版本的单一真实来源。

⑥ 与各方系统之间 B2B 接口的开发成本相比，区块链只需要一个与区块链系统集成的接口——供应链可见性。例如，3 个合作伙伴可能使用不同的系统追踪事件，则对于同一事件，可能有 3 种不同的结果。

4. 制药行业

1）行业现状与痛点

为了提高药品利用率，在美国每年有价值近 70 亿美元的退回药品被转售，然而由于全球范围内假冒药品存在严重问题（据路透社称，全球假药市场价值每年可能高达 2000 亿美元），如何对退回药品进行鉴别是一个不容忽视的问题。

为了在提高药品利用率的同时防止假冒药品被退回，《美国药品供应链安全法》（DSCSA）增加了一系列条例来保证药品行业的供应链安全。

（1）产品序列化：从 2017 年 11 月 27 日开始，药品制造商应在每个包装上贴上或印上产品标识；

（2）退回药品验证：从 2019 年 11 月 27 日开始，药品制造商收到退回的产品后，在打算进一步分销该产品之前，必须对产品进行验证。验证内容包括每个包装上的标准数字标识符、批号和有效期等。

在欧洲也有类似的法律，但欧盟采用了集中数据库，制造商将数据上传到监管机构的集中数据库。在美国，由于数据缺乏集中性，将需要在所有不同的信息化系统之间进行大量的集成。

2）案例阐述

为了降低系统间集成的复杂性，打造以行业为联盟的可信任共享信息平台，SAP 与美国医药行业一起，利用区块链概念和技术来搭建确保数据安全和完整性的 SAP 生命科学信息协作中心(information collaboration hub for life sciences)。将药品供应链的参与方纳入联盟链中，实现对药品的溯源。在药品生产过程中，各药品制造商必须将产品代码、批次、到期日期和序列号等信息上链。以便供应链下游以及客户可以轻松验证药品真伪，实现药品供应链上下游对共享数据的治理，如图 3-10 所示。

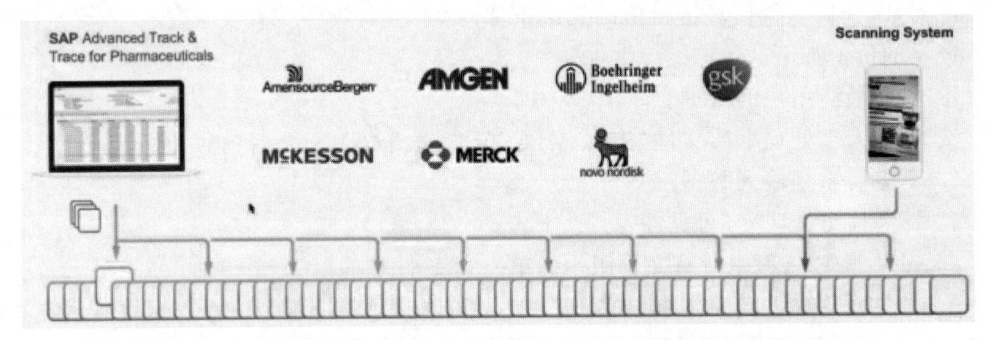

图 3-10　使用区块链实现药品供应链上下游对共享数据的治理

结合移动互联网，该区块链解决方案支持行业对共享数据不可篡改的需求，避免了许多复杂的集成，为药品制造商和批发商提供了可扩展和安全的数据平台，以满足即将到来的验证监管要求，如图 3 11 所示。

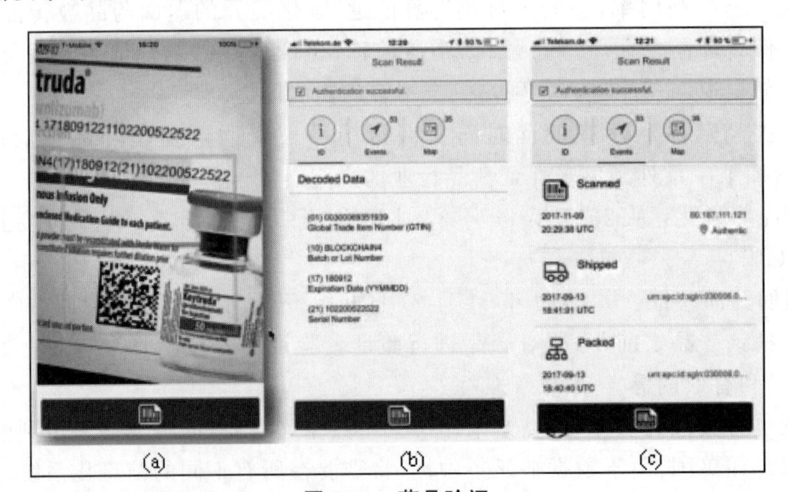

图 3-11　药品验证

3）商业价值

该方案帮助美国制药行业建立了可信任的药物共享信息平台，实现了低成本的药物溯源与鉴真。在提高药品利用率的同时，杜绝了假药流入市场，保障了消费者的生命安全与医药行业的可持续发展。

在了解 SAP 区块链各行业的应用后，本书接下来会深入阐述 SAP 云平台区块链服务。

3.2　SAP 云平台区块链服务

SAP 云平台在 SAP 倡导的数字化平台概念中起了重要作用。SAP 云平台是一种平台，即服务(PaaS)产品，可为云应用程序提供开发和运行环境。SAP 云平台基于 SAP HANA 内存数据库技术，使用开源和开放标准，允许独立软件供应商、初创企业和开发人员创建基于 HANA 的云应用程序。SAP 致力于为客户打造一个业务技术平台，客户只需专注于业务，无须关注底层技术模块搭建，如图 3-12 所示。

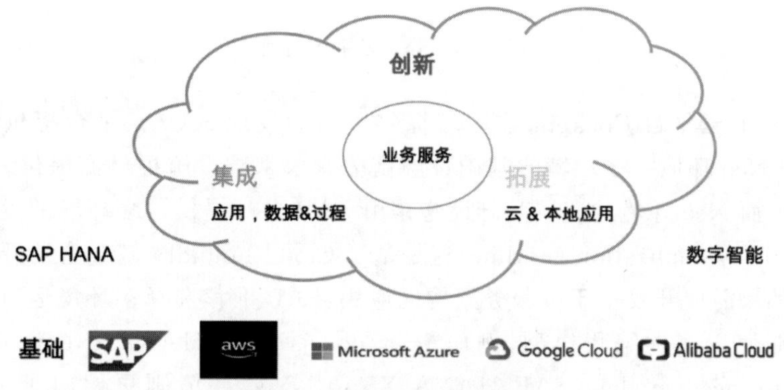

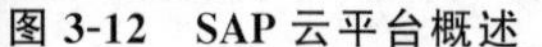
图 3-12　SAP 云平台概述

SAP 云平台通过使用前沿技术，如区块链、机器学习和高级分析功能帮助客户扩展本地或基于云的 ERP 应用程序；建立和部署新的企业业务云和移动应用程序；集成和连接不同数据源的企业应用程序；将企业应用程序和数据连接到物联网。

SAP 云平台促进了 SAP S/4HANA 财务与 SAP Ariba 采购和 SAP SuccessFactors 人力资源等云应用程序的集成。不仅如此，它还可以将这些应用程序与非 SAP 系统的数据源集成在一起，包括社交媒体站点和其他供应商的企业应用程序。总结来说，SAP 云平台能够帮助企业数字化转型得更敏捷、更高效、更彻底。

通过SAP云平台，可以很方便地扩展现有的本地和云解决方案，最大化利用之前的投资。既可以在SAP云平台上部署自己的应用，也可以借助SAP应用中心现有的应用快速开展自己的业务。截至2019年，SAP已经在SAP云平台上部署了50+的企业级应用，SAP应用中心也有超过1700+合作伙伴提供的现成应用可以直接被下载使用。SAP云平台作为SAP客户数量增长最快的产品，已经有超过14000个客户。这里也有1600+经验丰富的合作伙伴随时待命，支持您对SAP云平台的使用，如图3-13所示。

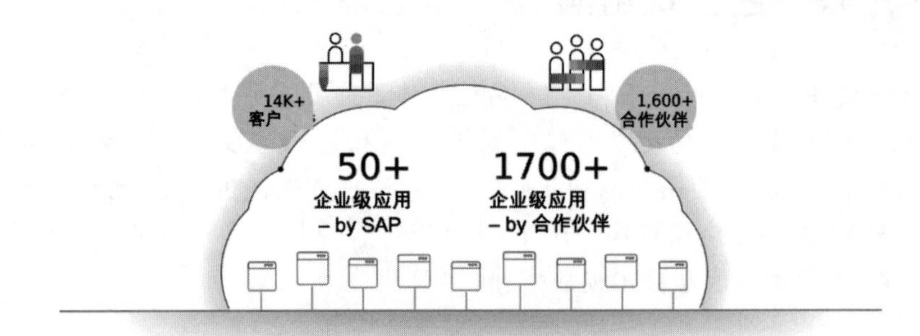

图3-13 SAP云平台现状

当打开SAP云平台Cockpit，在区域标签页内能发现SAP云平台提供两套运行环境，多环境和Neo环境。多环境的基础设施由公有云基础设施提供商提供，SAP仅负责维护平台层。而Neo环境的底层基础设施是由SAP自己提供。多环境的运行环境包含了Cloud Foundry application runtime，这是基于Cloud Foundry基金会的开源应用平台构建而成。如果需要开发基于微服务架构的应用，SAP推荐选择多环境运行环境。因为在多环境下能使用多种编程模型，例如Java、nodejs、SAP HANA extended application services和advanced model（SAP HANA XSA）。Neo环境则更偏向于UI5、Java和HANA Extended Service开发。

SAP云平台数据中心大多位于美国和欧洲。2019年底，SAP云平台成功落地阿里云。这对于中国的SAP客户、合作伙伴都是振奋人心的消息，今后可以更方便地在SAP云平台上开展业务。

通过SAP云平台可以尝试将最新技术集成到SAP传统产品中。SAP云平台提供了100+个服务，如区块链、机器学习、物联网服务等。就区块链服务而言，SAP已经集成了Hyperledger Fabric、Multichain以及Quorum开源区块链技术并且提供区块链应用启用服务，如图3-14所示。

图 3-14　SAP 区块链服务

想要实现一个区块链系统，除了参照开发者文档自己开发之外，也可以使用提供区块链服务的云平台直接搭建，这可以帮助我们在项目初期节约经费和时间。SAP 云平台提供了两种主流的区块链服务：Hyperledger Fabric 和 Multichain。

3.2.1　Hyperledger Fabric 区块链平台服务

Hyperledger Fabric 是一种开源的企业级许可分布式分类账技术平台，专为在企业环境中使用而设计。它是一个基于模块化架构，提供分布式账本解决方案的平台，是 Linux 基金会在 2015 年创立的超级账本（Hyperledger）项目下的区块链项目之一。Hyperledger Fabric 支持智能合约，利用容器技术装载一些链码（chaincode）实现业务逻辑。和其他区块链不同的是，它是一个私有的、有许可的区块链系统。在有许可的区块链系统中，数据的隐私性和安全性可以得到保护，也可以实现网络成员管理。

1. 技术架构

1）分布式账本

在第 1 章中我们已经了解到，分布式账本是区块链网络的核心，它记录了网络上发生的所有交易，网络中每个成员都有一份账本。在 Hyperledger Fabric 区块链网络中，这个账本系统有两个组成部分：世界状态（world state）和区块链（blockchain）。

世界状态描述的是某一时刻的账本状态，一般是以键值对组合的形式保存在世界状态数据库中，并且可以对其进行增、删、改、查的操作。世界状态中记录了当前每个业务对象（如车、发票、个人资产等）的真实属性以及版本号信息。应用程序对世界状态的改变会体现在这些对象的属性值和版本号上。

当 Hyperledger Fabric 网络节点接收到交易请求信号之后，会先根据共识机制验证该请求，随后就会被网络成员节点打包并以区块链的形式存储在数据库中。区块链是由多个区块利用哈希算法生成的区块头前后相连构成的，而区块则是由多条交易记录组成的。

2）成员节点

Hyperledger Fabric 网络是由各种各样的节点构成的，每个节点都有独特的功能和角色。

成员节点是区块链参与者的基本节点，一共有两种。最常见的成员节点是提交节点，每个节点都可以是提交节点，其主要功能就是维护区块链账本和提交交易请求。还有一种成员节点叫作背书节点，是负责执行智能合约并验证交易请求合法性的节点，同时也负责对交易请求进行签名背书。由此可以看出 Hyperledger Fabric 区块链的许可链属性，即并不是所有满足基本交易条件的交易请求都会改变账本状态，而是需要根据背书策略经过背书节点的许可才能继续。

3）共识

除了上面两种成员节点之外，网络中还有一种必不可少的排序节点。排序节点就是用来对交易记录进行排序的节点，进而防止出现“双花”问题。为了对交易的合理合法性进行验证，必须将它们按照发生的顺序记录在账本上，即使它们可能是网络中不同的参与者生成的。保持账本中交易记录在区块链网络中同步的过程称为共识。共识机制确保了账本仅在交易获得适当的参与者批准后才会被更新，并且在账本被更新时以相同的顺序记录下相同的交易。

比特币区块链是通过“挖矿”（即工作量证明共识算法）来验证交易的，但这种算法会消耗巨大的计算资源，而且每个网络成员节点都可以参与共识过程，以及对交易的排序和打包过程。当节点由于某些人为或者不确定的原因对交易的顺序产生歧义时，还是有可能会出现账本分叉的情况，即网络节点的账本区块链存在多个版本。

Hyperledger Fabric 则提供了专门负责交易排序的节点（orderer）和可配置的背书策略。网络中的多个排序节点提供交易排序服务，然后再发送给背书节点和提交节点。这套系统使得网络管理者可以自行选择一种最能代表参与者之间关系的共识机制。排序节点上可以使用的共识机制包括 Raft（官方推荐，v1.4.1 加入）、SOLO（v2.0 已弃用）和 Kafka（v2.0 已弃用）。

4）通道

在 Hyperledger Fabric 这样的分布式系统中通常会有多个组织共同参与，即使操作的业务对象相同，在与不同的网络成员交易时的业务逻辑也不尽相同，因此 Hyperledger Fabric 提供了通道（channels）的功能，可以让一个组织参与到不同的区块链网络中。这个功能对于在网络上存在竞争关系的成员非常重要，它们可能并不想要将自己的一部分敏感信息（如价格）告诉竞争对手。

每个通道都可以拥有一份完全独立的账本，并且在创建通道之后，只有通道内的成员才可以保存所在通道中的账本。图 3-15 是一个简单的多通道网络案例，图中三个组织各有一组成员节点，每个节点上都记录着与组织业务相关的链码和账单，并且组织 B 可以同时在两个通道中处理不同的业务。

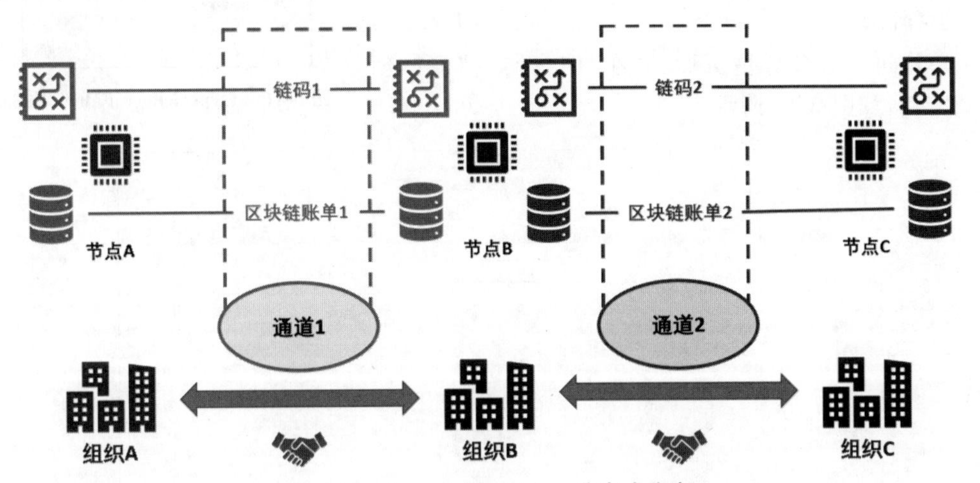

图 3-15　Hyperledger Fabric 分布式账本

5）链码

智能合约是用来定义和管理区块链账本所记录的资产的。在 Hyperledger Fabric 中，智能合约就是以链码的形式来开发和管理的。除此之外，链码可以用来表示 Hyperledger Fabric 的底层代码，但实际上只有区块链网络的管理者才需要从链码角度来进行维护管理和部署，其他区块链成员和应用程序开发者都可以直接从智能合约角度来理解链码。

2. 使用演示

下面主要介绍在 SAP 云平台上 Hyperledger Fabric 的使用。截至目前，SAP 云平台上所支持的 Hyperledger Fabric 服务版本为 v1.4.4，预期将于 2021 年 3 月 21 日从 SAP 云平台下线，届时将不再支持新的订购和续订。更多详情请咨询官方账号团队。

在 SAP 云平台上获取区块链服务之前，首先需要确保完成以下准备工作。

（1）开启全局账户并可以使用 Cloud Foundry 环境。

（2）购买 Hyperledger Fabric 服务以及各种服务计划的使用额度。

（3）将所需的额度分配到子账户。

（4）创建至少两个空间用于部署 Hyperledger Fabric 服务。

具体操作步骤介绍如下。

1）创建服务实例。

在空间面板中，选择 Service Marketplace，并在右侧的服务列表中选择 Hyperledger Fabric 服务，如图 3-16 所示。

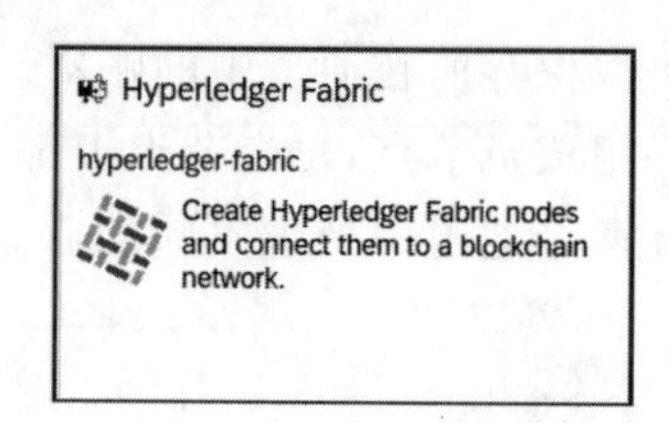

图 3-16　Hyperledger Fabric 服务

单击进入服务详情页面，并在“创建实例”窗口创建新实例，如图 3-17 所示。

创建实例
选择服务计划
指定参数（可选）
分配应用程序（可选）
确认
选择服务计划
这是付费服务计划。
计划　dev
功能
Multi-tenant Hyperledger Fabric Node
Multiple Channels
上一个　下一个　取消

图 3-17　创建 Hyperledger Fabric 实例

新建实例时需要选择服务计划，基本的服务计划有 dev 和 channel。创建 dev 实例会建立一个 Hyperledger Fabric 基本的节点网络，包括一个 Orderer 节点，4 个 Peer 节点和账本数据库；channel 实例可以管理和监控 channel 内的交易记录，API 调用记录和节点状态，还可以管理链码。

由此可见，不同的服务计划对区块链的控制程度是不同的，但因为一个空间下的所有成员可以管理空间内的实例，所以需要将 dev 实例和 channel 实例分别创建在两个不同的空间下，方便对区块链进行角色分配和权限控制。

这里我们先创建一个 dev 实例，在完成下一个步骤之后再创建 channel 实例。

2）建立实例间的联系

dev 实例和 channel 实例不能独立产生效果，它们之间必须建立联系。在 Hyperledger Fabric 中是通过 Service Key 来连接 channel 实例和 dev 实例的。Service Key 中可以维护 channel 实例对 dev 实例的操作权限。

在 Hyperledger Fabric 中要创建一个 Service Key，需要先在 dev 实例中创建其所属的 channel，然后再为这个 channel 创建 Service Key，如图 3-18 所示。注意，在上一步骤中“dev 实例”里创建的 channel 和选择服务计划时创建的“channel 实例”并不是同一个概念。

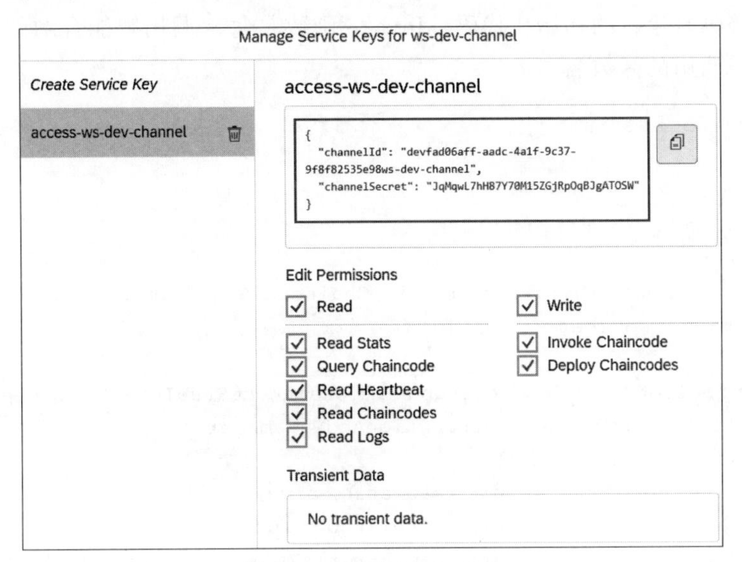

图 3-18　创建 Service Key

创建完 Service Key 之后，就可以去第二个空间，按照之前的步骤创建一个 channel 实例，同时指定这个 channel 实例的参数，即其 Service Key。至此，我们已经成功连接了两个实例，并可以通过 channel 实例看到 dev 实例网络的状态。

3）链码的开发

在 SAP 云平台中，一份可部署的链码包结构如图 3-19 所示。

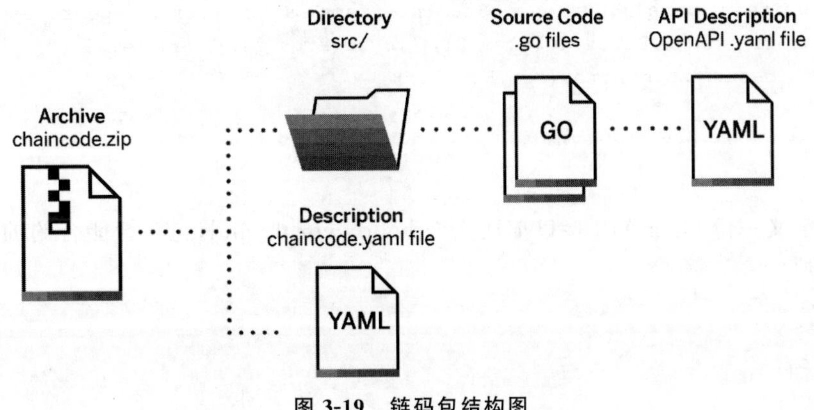

图 3-19　链码包结构图

接下来用一个简化版的 Hello World 链码来了解链码的具体内容。

首先定义一个包含了两个简单函数(read 和 write)的 go 语言程序文件 hello_world.go 作为智能合约。此外,链码中还必须完成 Init 和 Invoke 函数。Init 函数是在 channel 上初次部署链码时运行的初始化代码。Invoke 函数是每次调用智能合约的必经之路,其参数就是所需调用的函数名。

```
type HelloWorld struct {
}
func main() {
    shim.Start(new(HelloWorld))
}
func (cc *HelloWorld) Init(stub shim.ChaincodeStubInterface) peer.Response {
    return shim.Success(nil)
}
func (cc *HelloWorld) Invoke(stub shim.ChaincodeStubInterface) peer.Response {
    function, args := stub.GetFunctionAndParameters()
    switch function {
        case "read":     return read(stub, args)
        case "write":    return write(stub, args)
        default:         return shim.Error("Valid functions are 'read|write'!")
    }
}
func read(stub shim.ChaincodeStubInterface, args []string) peer.Response {
    if value, err := stub.GetState(args[0]); err == nil && value != nil {
        return shim.Success(value)
    }
    return shim.Error("Not Found")
}
func write(stub shim.ChaincodeStubInterface, args []string) peer.Response {
    if err := stub.PutState(args[0], []byte(args[1])); err != nil {
        return shim.Error(err.Error())
    }
    return shim.Success(nil)
}
```

然后定义一份 OpenAPI 接口描述文档 hello_world.yaml,包含智能合约的函数名称和输入参数。

```
paths:
  /{id}:
    get:
```

```
    operationId: read
    parameters:
    - name: id
      in: path
      type: string
      required: true
    responses:
      200:
        description: OK
      500:
        description: Failed
  post:
    operationId: write
    parameters:
    - name: id
      in: path
      type: string
      required: true
    - name: text
      in: formData
      type: string
    responses:
      200:
        description: OK
      500:
        description: Failed
```

最后创建整个链码的描述文件 chaincode.yaml，用来管理链码生命周期。

```
Id:      com-sap-icn-blockchain-example-helloWorld
Version:  13
```

4）部署和测试链码

接下来就可以在 channel 实例面板中的 Instantiate Chaincode 页面中安装并部署链码包，如图 3-20 所示。

部署链码的同时可以设置 Endorsement Policy 背书策略，用来控制发生在链上的交易需要经过哪些节点的认证才可以被记录在账本中。图 3-20 中的 Any 指任意一个所选组织（organization）中的节点认证过后即可记录，Majority 指需要超过 50％的节点认证之后才可以记录，而 All 指必须经过全部节点的认证。此外，还可以使用 Hyperledger Fabric 提供的简单的代码实现更复杂的背书策略。使用 n 和 out_of 关键词规定交易被记

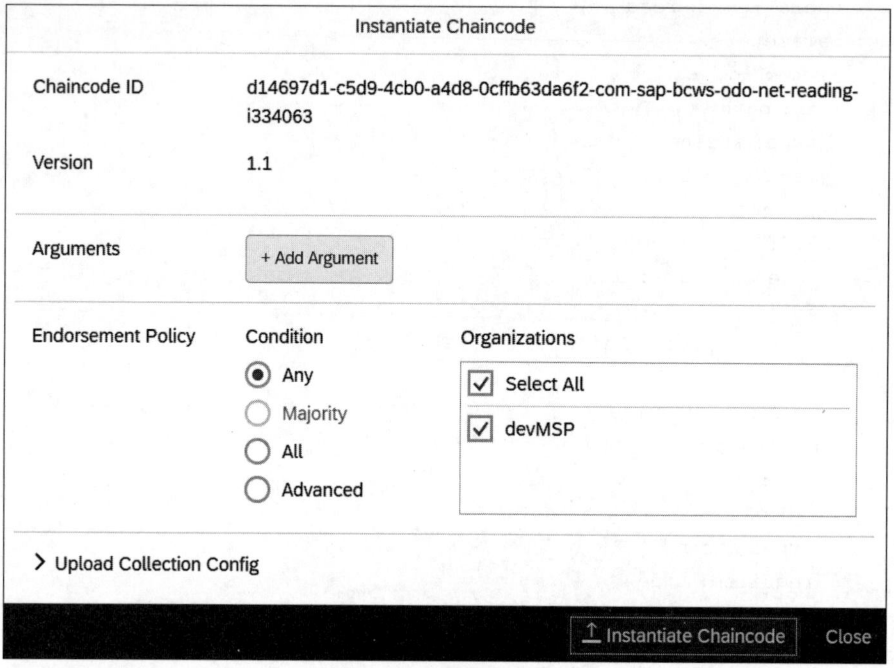

Instantiate Chaincode

Chaincode ID d14697d1-c5d9-4cb0-a4d8-0cffb63da6f2-com-sap-bcws-odo-net-reading-i334063

Version 1.1

Arguments + Add Argument

Endorsement Policy Condition Organizations

Any Select All

Majority devMSP

All

Advanced

Upload Collection Config

Instantiate Chaincode Close

图 3-20 实例化链码

录所需要的条件。下面是一个简单的例子,意为至少要 Org1 或者 Org2 任意一个组织中的成员认证过,才可以被记录在账本上。

```
{
    "n":1,
    "out_of":[
        {"signed_by":"Org1.MEMBER"},
        {"signed_by":"Org2.MEMBER"}
    ]
},
```

SAP 云平台还提供了方便的智能合约 API 测试工具,可以从 Chaincode 页面中直接进入,如图 3-21 所示。在这里可以直接输入参数调用智能合约的 API,并在区块链账本中产生记录。

至此,您已在 SAP 云平台上成功创建了一个最简单的区块链,并开放出两个可以被实际应用程序调用的 RESTful API。

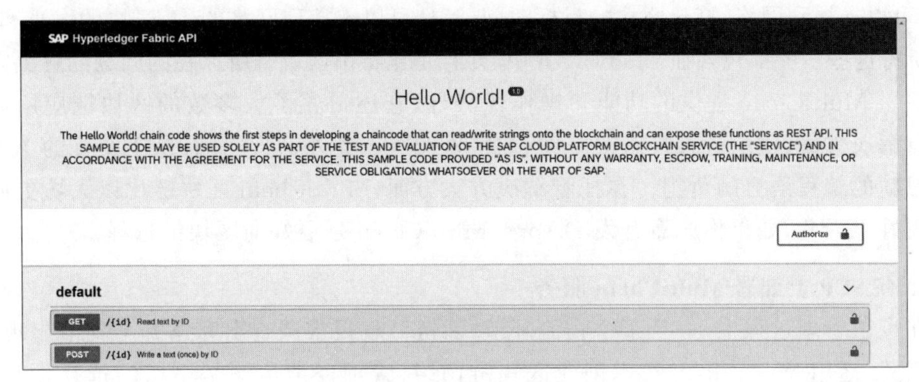

图 3-21　测试 RESTful API

3.2.2　MultiChain 区块链平台服务

MultiChain 是一个用于组织内部或者组织之间创建和部署私有区块链的平台。隐私和控制的争议是区块链应用于金融领域的一项严重的阻碍，而使用 MultiChain 创建私有链则克服了这个困难。与其他的区块链软件一样，MultiChain 支持 Windows、Linux 和 Mac 服务器，并且提供简单的 API 和命令行界面。

MultiChain 是一个开源的区块链平台，是一种基于比特币的区块链增强版本。在比特币系统中，任何人都可以连接和转移链上的资产；但是对于 MultiChain 来说，我们需要在对应的节点上配置 MultiChain，才能进行资产交易。

其主要特点如下：

- 本地多货币支持；
- 比比特币更快；
- 经营管理；
- 快速部署；
- 多语言支持 ——Python、C＃、JavaScript、PHP、Ruby。

比特币是数字货币的先驱，它有自己的一系列好处。但是，与此同时，我们不能忽视它的用途尚未到达群众的事实。比特币采用缓慢的原因主要分为如下 4 个方面：

- 最终用户满意度；
- 购买比特币的难度；
- 与比特币有关的安全问题；
- 与政府发行的货币相比，比特币价值的波动性。

然而，MultiChain 更加强调用户体验和用户选择，允许客户选择链是私有的还是公共的，谁可以连接到网络，打包区块的目标时间，筛选可以连接到网络的人、区块的大小和元数据。所有这些功能都包含在 MultiChain 中，并且是比特币区块链所存在的问题的解决方案。

除了 MultiChain 提供的功能和操作优势外，它还覆盖了大多数的区块链应用场景，如银行解决方案、供应链管理解决方案、数字资产等。此外，它还具有易于交互的 API，没有学习新的编程语言的负担。在托管解决方案方面，MultiChain 区块链比以太坊更便宜，效果更好。因此，如果你愿意开发 DApps，MultiChain 是更好的区块链选择。

1. 在 SCP 上部署 MultiChain 服务

在疫苗管理过程中，一旦某个物流环节“断链”，就很难调查出究竟哪个环节出现了问题。因此，运用 MultiChain 技术创建区块链网络，管理疫苗运输是不错的选择。在这一案例中，定义如下 5 个角色，如表 3-1 所示。

表 3-1 案例角色

角色	英文命名	功能	权限
管理员	Admin	MultiChain 网络管理员	All
制药公司	Chemical Company	制造疫苗	All
疫苗中心	Vaccine Center	使用疫苗	Write，Read
运输公司	Trucking Company	运输疫苗	Write，Read
国家食品药品监督管理总局	SFDA	监督	Read

1）创建 MultiChain 网络

在导航栏中选择“服务”→Service Marketplace→MultiChain，如图 3-22 所示。

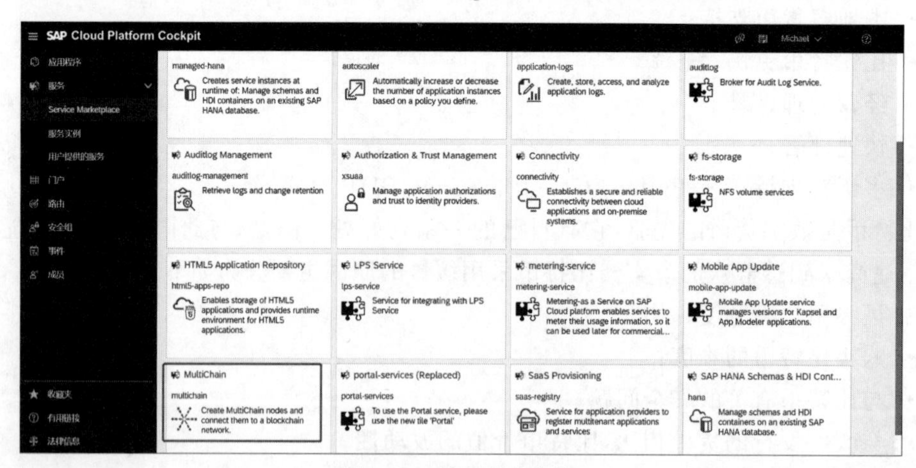

图 3-22 SAP 服务市场

2）创建第一个节点 Admin

（1）新建一个实例。

① 选择一个可以使用的服务计划，在本案例中使用的是 dev，如图 3-23 所示。

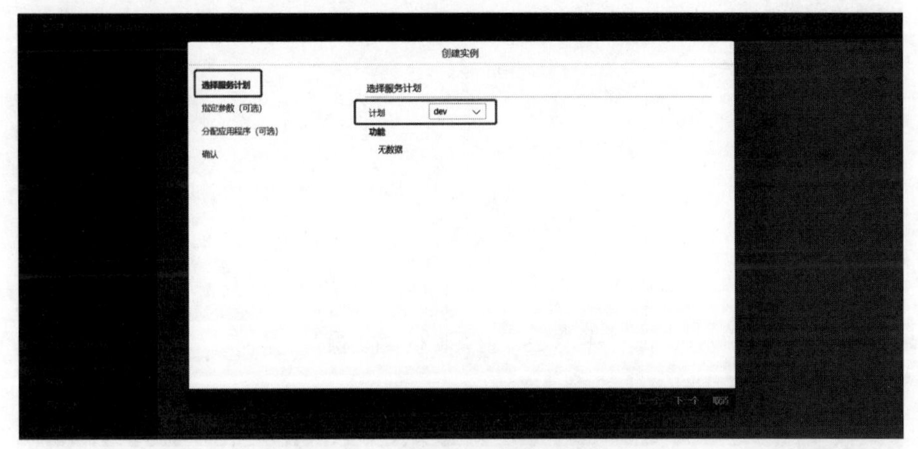

图 3-23　创建实例-选择服务计划

② 单击“下一步”按钮。

③ 在“实例名称”中输入 Admin，单击“完成”按钮完成创建，如图 3-24 所示。

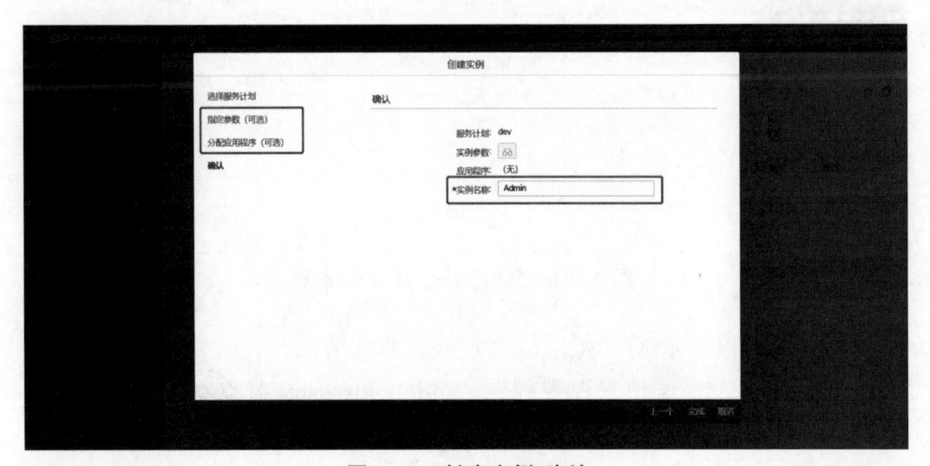

图 3-24　创建实例-确认

在实例界面中，图 3-25 展示了一个已经创建的新实例。

（2）单击已创建的实例，为 Admin 节点创建服务键值，如图 3-26 所示。在之后的 MultiChain 操作中会使用到新生成的 api_key 和 url，所以先将该信息记录下来。

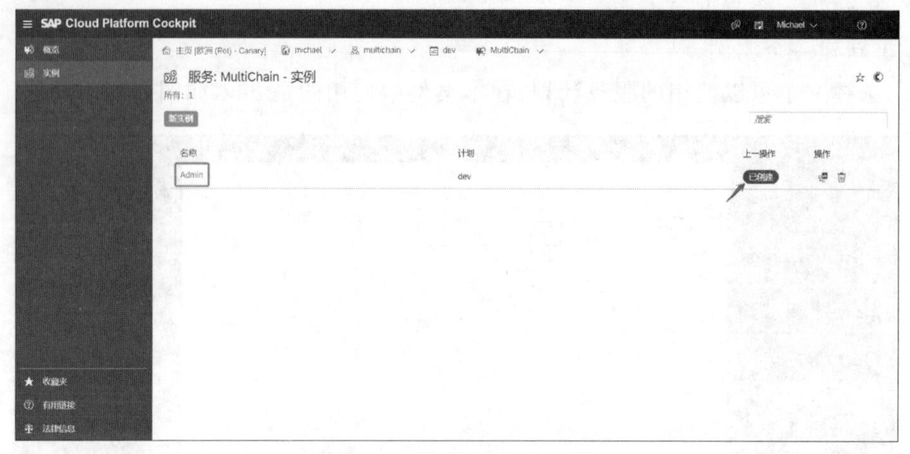

图 3-25　服务实例-新实例

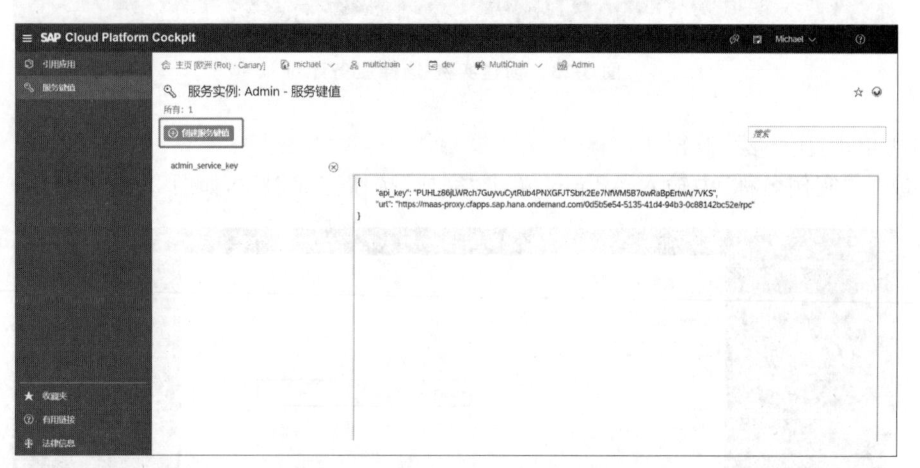

图 3-26　服务实例-创建服务键值

单击图示按钮可以展示 MultiChain 节点的一些细节，如图 3-27 所示。

在节点信息中，Address 用于权限控制，Node address 是节点在网络中的唯一标识，如图 3-28 所示。

(3) 创建 Chemical Company 实例。

① 在创建节点的第二步中，填写 JSON 信息来连接第一个节点。在图 3-29 中，url 是第一个节点的 Node address 信息。

② 节点创建成功后，单击可查看详细信息，如图 3-30 所示。

③ 页面提示等待来自 Admin 节点的准入授权，如图 3-31 所示。

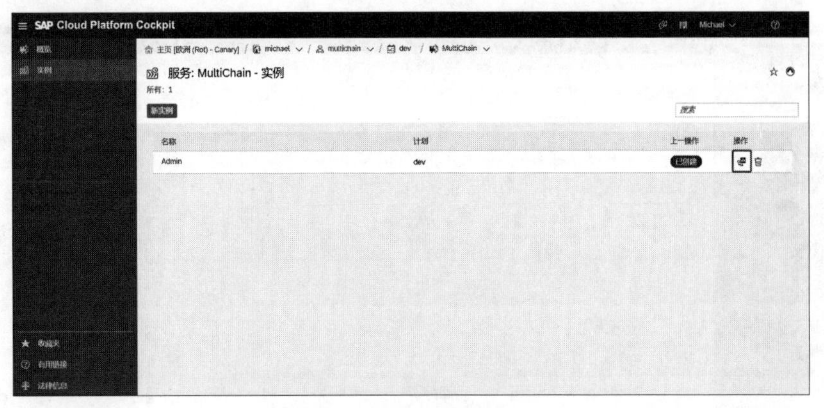

图 3-27　服务实例-图示按钮

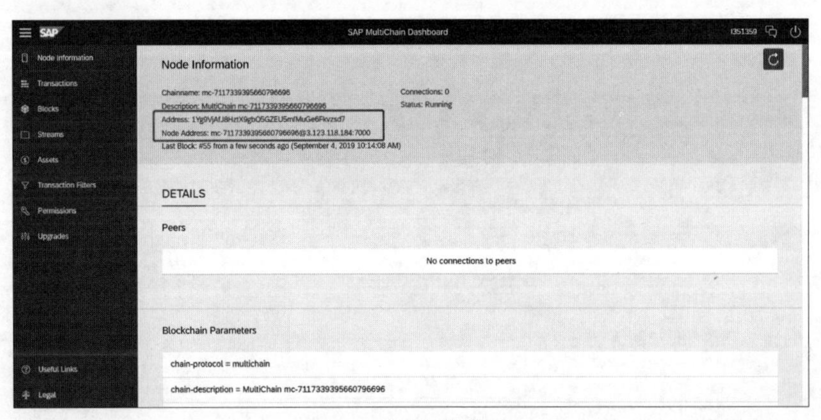

图 3-28　节点信息

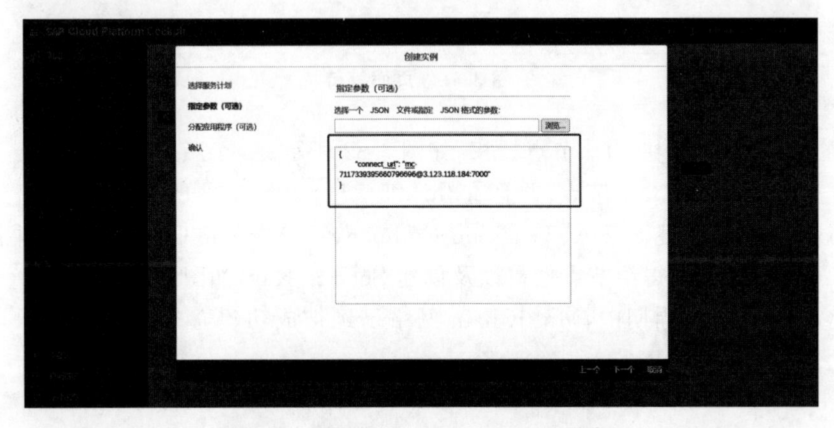

图 3-29　创建 Chemical Company 实例

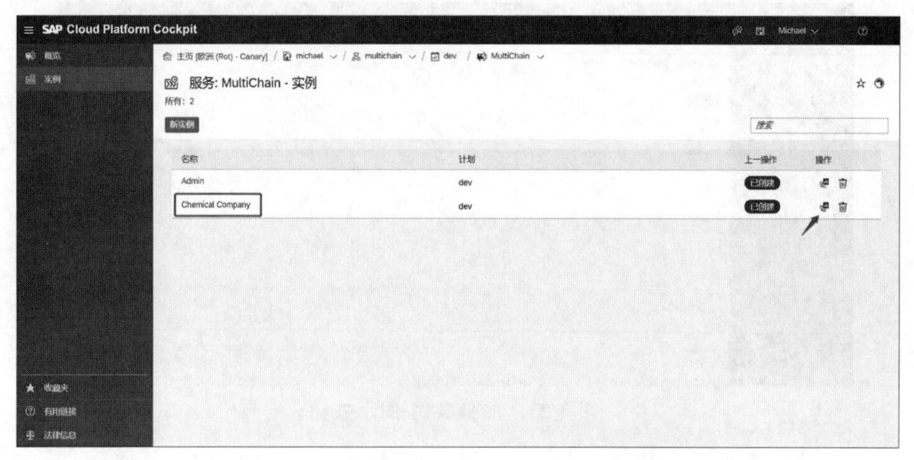

图 3-30 服务实例-Chemical Company 实例

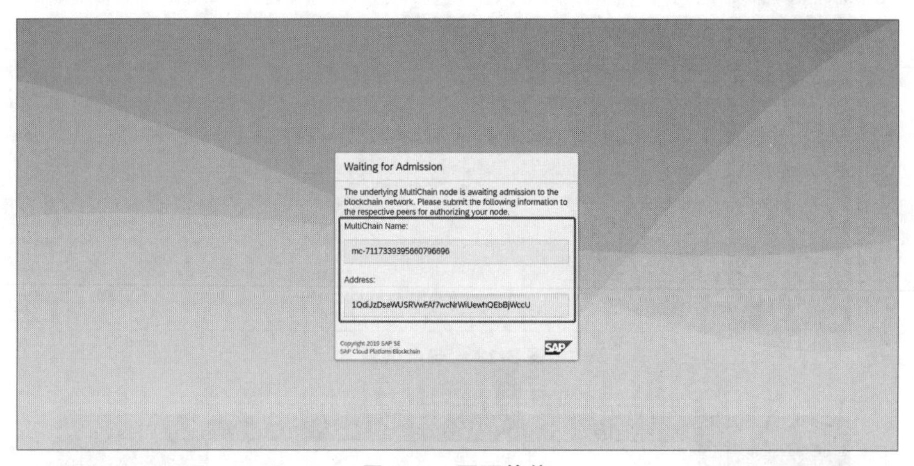

图 3-31 页面等待

④ 在 Admin 节点中,为该节点授权,如图 3-32 所示。

接下来可以进入第二个节点,并且查看详细信息,如图 3-33 所示。

用同样的方法,创建 SFDA、Trucking Company 和 Vaccine Center 节点,并且将其链接到 Admin 节点上,记得给节点授权以及创建 Service Key,如图 3-34 所示。

至此,在疫苗生命周期中,MultiChain 网络已经被成功建立。图 3-35 形象地展示了网络情况。

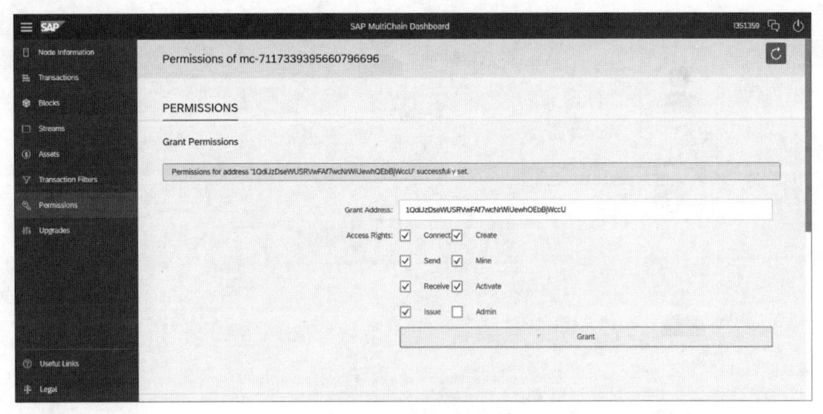

图 3-32 节点授权

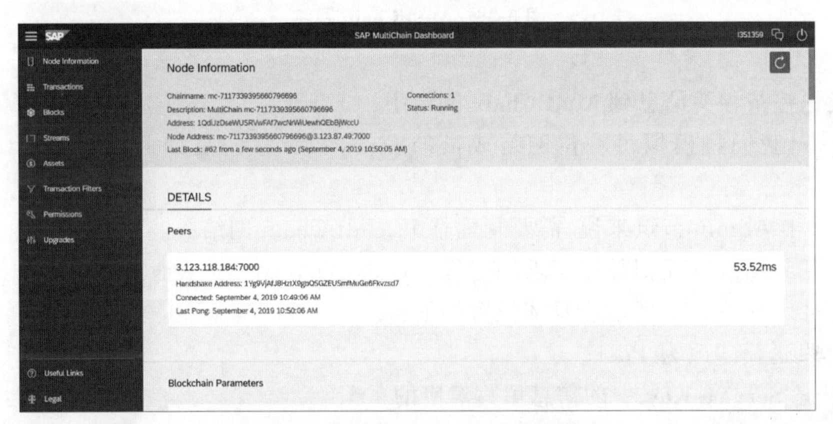

图 3-33 Chemical Company 节点信息

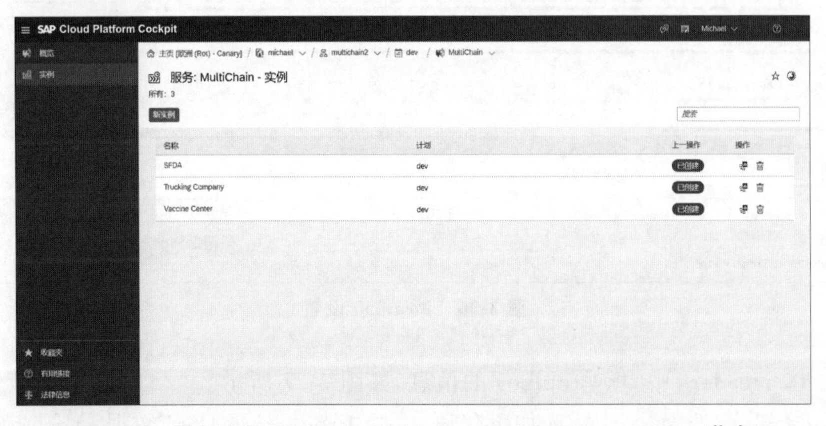

图 3-34 服务实例-SFDA、Trucking Company 和 Vaccine Center 节点

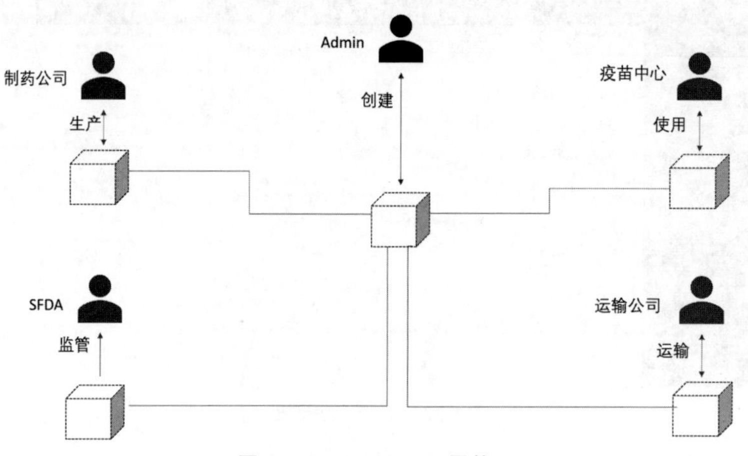

图 3-35 MultiChain 网络

2. 发送疫苗相关信息到 MultiChain 网络中

接下来，我们将模拟每一位网络成员的操作，看看它们是如何使用 Multichain 网络的。

(1) 对于 Admin 节点来说，需要管理整个 MultiChain 网络。

在使用 Postman 模拟数据请求的过程中，选择 OAuth 2.0 认证方式对 Multichain 网络进行访问。如图 3-36 所示。具体设置如下：

- 将发送模式改为 Post；
- 根据 Service Key 中的信息填写对应的 url；
- 设置认证方式为 OAuth 2.0。

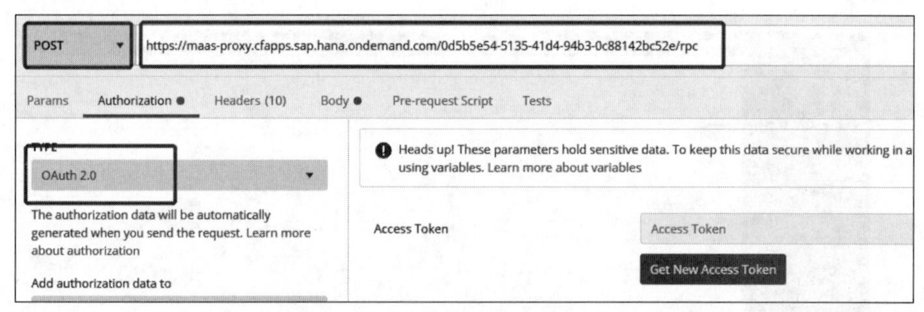

图 3-36 Postman 设置

然后，在 Headers 中，填写 apikey 的信息，如图 3-37 所示。

在 Body 部分，选择 raw，输入如下代码，创建 Production Data 数据，如图 3-38 所示。

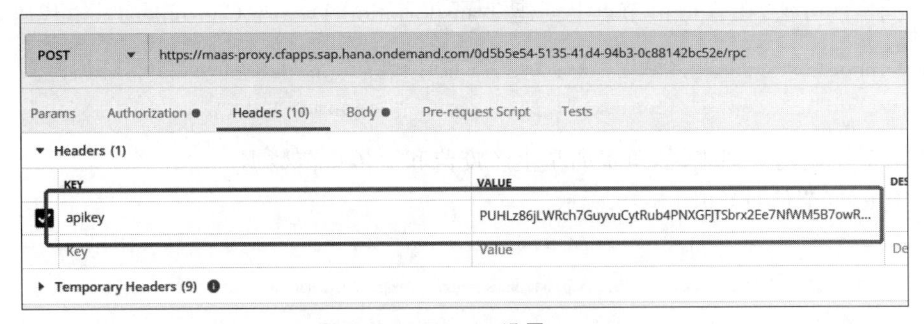

图 3-37 Postman 设置-apikey

```
{"method": "create", "params": ["stream", "Production Data", true]}
```

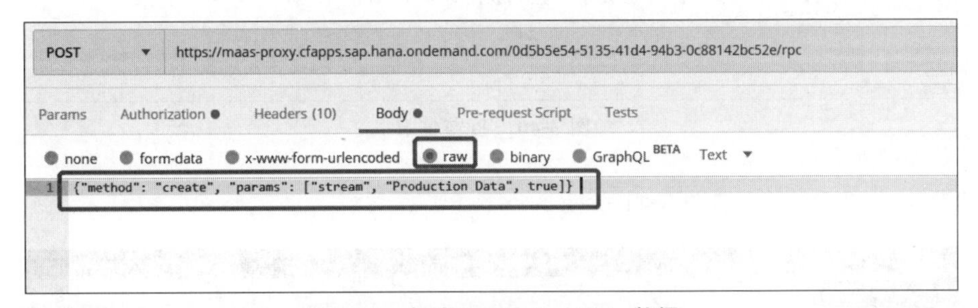

图 3-38 创建 Production Data 数据

进入 Admin 节点以及其他所有节点，查看 STREAMS，如图 3-39 所示。

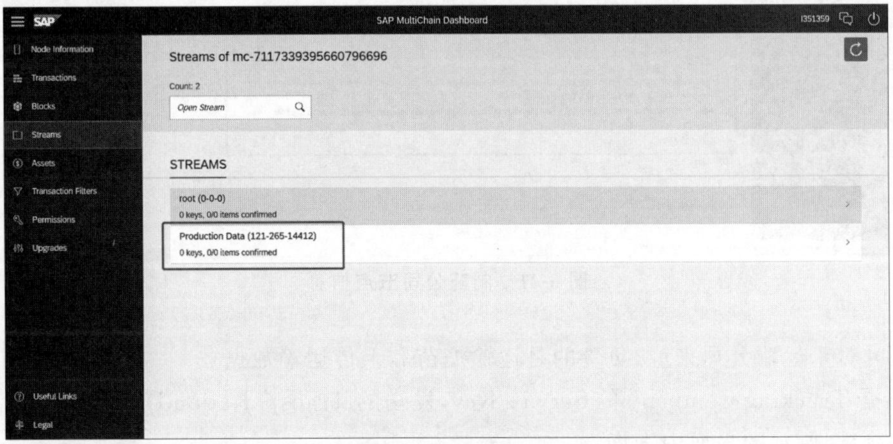

图 3-39 查看数据

用同样的方法，在 Admin 节点上创建 Transportation Data 与 Consumer Data，代码如下：

```
{"method": "create", "params": ["stream","Transportation Data", true]}
{"method": "create", "params": ["stream", "Consumer Data", true]}
```

（2）对于制药公司来说，负责的是生产疫苗和上传疫苗数据。

发送的疫苗信息，如图 3-40 所示。

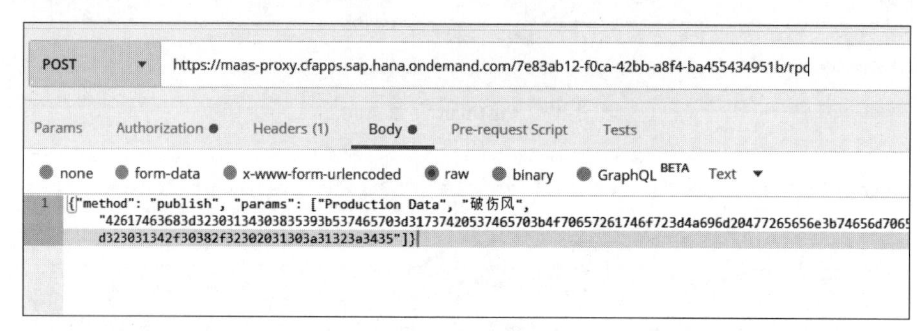

图 3-40　疫苗信息

从节点中查看信息，如图 3-41 所示。

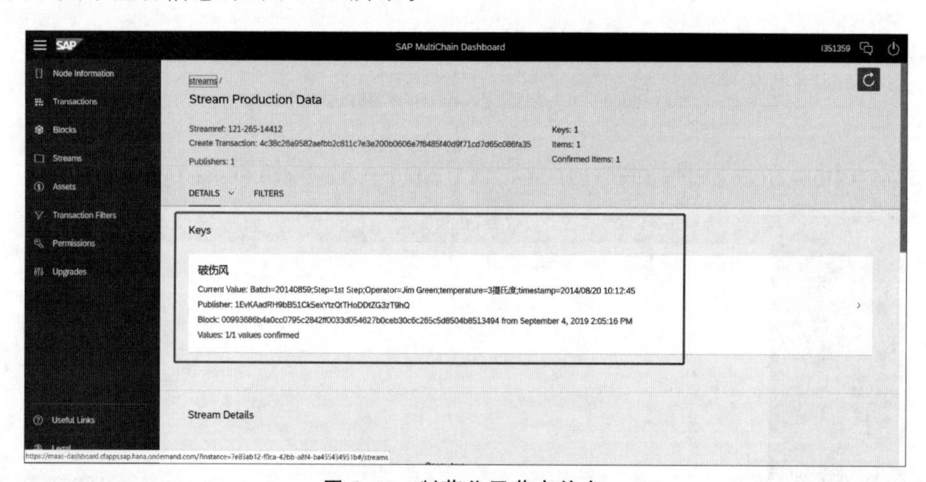

图 3-41　制药公司节点信息

（3）对于运输公司来说，负责的是运输疫苗和上传运输数据。

根据 Trucking Company 的 Service Key，发送的 Transportation Data 如下，信息可以在如图 3-42 所示的界面中查询。

```
{"method": "publish", "params": ["Transportation Data", "破伤风",
```

"42617463683d32303134303835393b4576656e743d4c6f61643b504f532e583d3130322e3231313
b504f532e593d3135342e3030333b54656d70657261747572653d32e69184e6b08fe5baa63b44
72697665723d4a616d657320426f6e64"]}

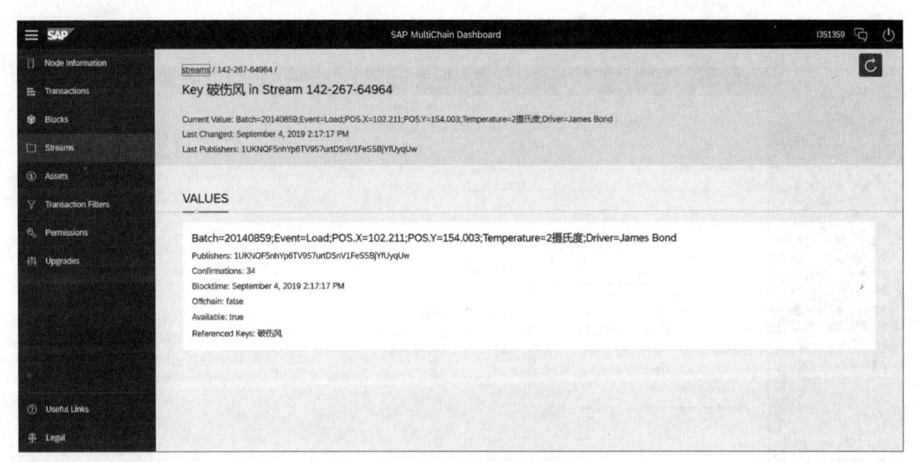

图 3-42　运输公司节点信息

（4）对于疫苗中心来说，负责的是使用疫苗和上传使用数据。

根据 Vaccine Center 的 Service Key，发送的 Consumer Data 如下，信息可以在如图 3-43 所示的图中查询。

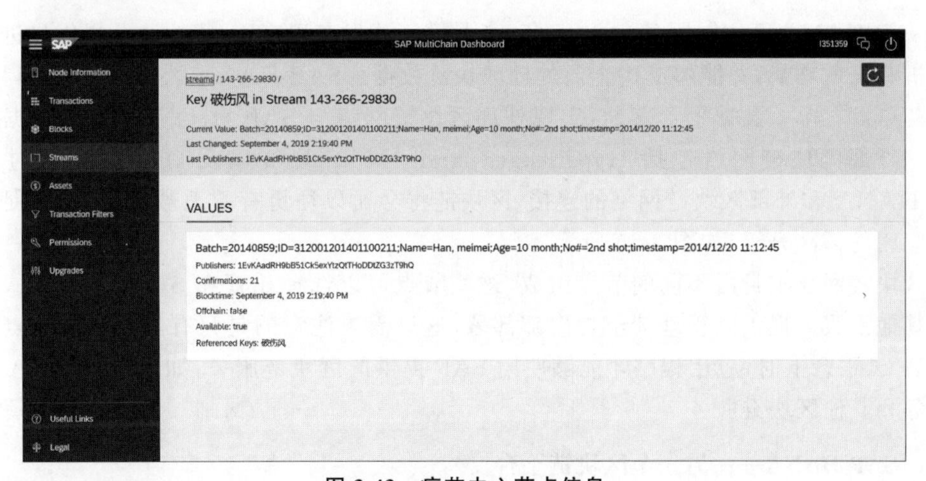

图 3-43　疫苗中心节点信息

{"method": "publish", "params": ["Consumer Data", "破伤风",
"42617463683d32303134303835393b49443d3331323030313230313430313130303231313b4e616

d653d48616e2c206d65696d65693b4167653d3130206d6f6e74683b4e6f233d326e642073686f743
b74696d657374616d703d323031342f31322f32302031313a31323a3435"]}

(5) 对于监管部门(SFDA)来说,整个疫苗周期的数据都可以在 MultiChain 网络中查看,如图 3-44 所示。

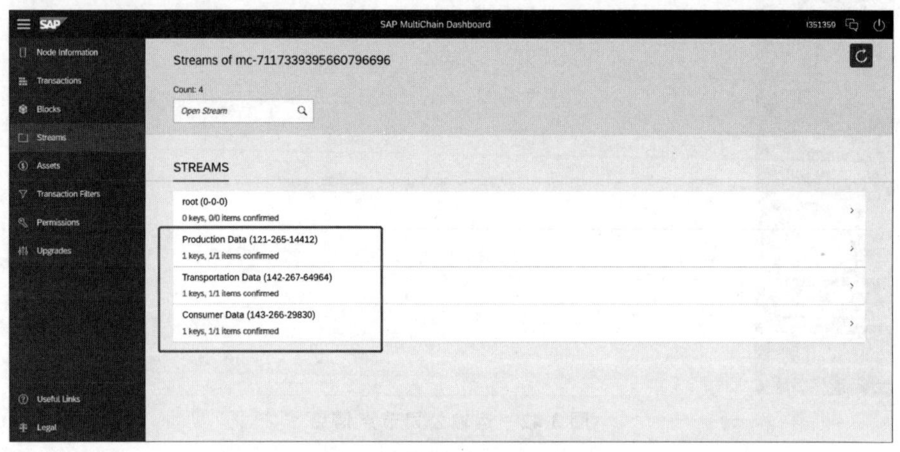

图 3-44　监管部门节点信息

3.2.3　SAP HANA 区块链

SAP HANA 区块链服务自 2018 年 10 月底正式发布以来,一直为企业提供先进的商务分析和开发功能,并能够支持企业处理区块链数据。SAP HANA 区块链服务使得区块链业务可以在单一数据平台落地,实现外部区块链网络与 SAP HANA 高性能数据库的互联。外部区块链网络包括 Hyperledger fabric、Multichain 以及 Quorum。通过建立 SAP HANA 和外部区块链网络的连接,区块链将会比以往更有效地被使用,进而促进区块链应用的再次升级,如图 3-45 所示。

区块链网络本身由不同的节点组成,这些节点可以选择托管在 SAP 云平台上,或者交由其他云服务提供商管理甚至是内部部署,这里需要注意的是只有当区块链节点部署在 SAP 云平台上时,应用程序才能够使用 SAP 提供的区块链服务,如 SAP HANA 区块链服务和其他区块链服务。

1. SAP HANA——另一个区块链平台

SAP 云平台区块链和 SAP HANA 都不是类似 Bitcoin、Ethereum 或者 Hyperledger 这样的区块链平台。SAP 的区块链战略并非想要创建一个新的区块链平台,建立以 SAP 为中心的生态圈,而是与现有的区块链平台做集成,发挥彼此的优势。从图 3-46 可以看

图 3-45 SAP HANA 对区块链应用的升级

出，SAP 区块链借助 SAP 云平台区块链服务与现有外部区块链网络对接，又通过 SAP HANA 集成服务将 SAP 云平台区块链服务连接到 SAP HANA 数据库。这里通常有个误区，SAP HANA 数据库本身并非区块链网络中的一个节点，它只是通过 SAP 云平台区块链服务，与实际的区块链网络交互。

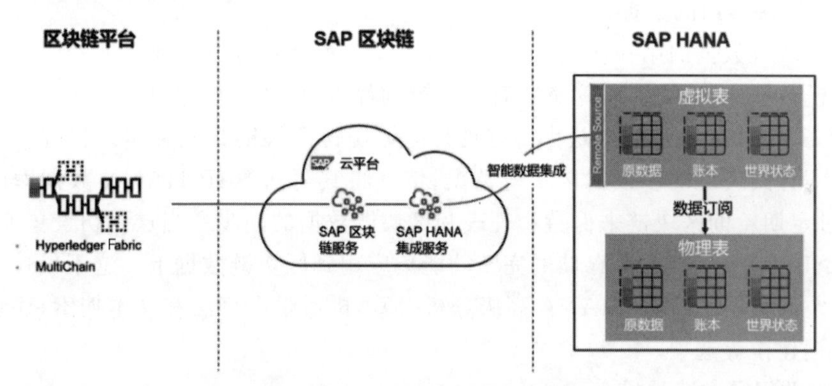

图 3-46 SAP HANA 区块链概览

SAP HANA 通过智能数据集成和 SAP 云平台区块链服务中的数据同步。智能数据集成服务配置了 SAP 云平台端的连接属性，实现了区块链消息和 SAP HANA 数据库列式存储的表之间的映射信息。这样一来，远端数据源就可以通过虚拟表映射到 SAP HAHA 数据库中。当前 HANA 数据库端定义了如下三种类型的表用于存储不同的信息。

- 原始数据：区块和事务的信息。
- 账本：个人信息和区块链的整个历史交易记录。

- 世界状态：账本的最新状态信息。

世界状态这张表在很多方面和常规数据库表一样，同时账本和世界状态表也会存储一些事务信息，例如时间戳和块编号。

2. SAP HANA 区块链适配器

智能数据集成中很重要的一个组件就是 SAP HANA 区块链适配器。2018 SAPPHIRE 蓝宝石大会上，SAP 推出了 HANA 区块链适配器的第一个版本，与 SAP 云平台区块链集成。基于此，客户可以使用标准 SQL 命令轻松访问备份到 SAP HANA 中的区块链数据并进行二次构建。

除了通过 SAP 云平台区块链提供的 API 连接到现有区块链网络之外，客户可以借助 SAP HANA 的高性能，以及基于 SAP HANA 的强大的分析功能进一步挖掘区块链中的数据价值。区块链的数据首先以 SAP HANA 中的虚拟表格的形式提供，也可以进一步复制到物理表中。当区块链发生更新，SAP HANA 中的区块链表也将相应更新。此外，通过 SAP HANA 触发的区块链交易也会提交给相应的区块链平台。这是一个双向互通的连接。

（1）从区块链访问数据。

访问区块链数据的第一步需要建立虚拟表，将远程数据映射到数据库中。虚拟表提供了区块链数据的符号链接，这意味着每个查询都可以按需检索数据。

SAP HANA 区块链服务最大的好处是能够使得区块链数据在本地保存。这种方式是通过远程订阅实现的。读取区块链数据，然后将其写入 SAP HANA 数据库的物理表中，并通过定期轮询区块链来保持物理表和区块链数据的同步。当这一切设置完成，用户可以将 SAP HANA 数据库存储的完整功能集应用到区块链数据上。这不仅包括用于图形和地理空间数据的 SAP HANA 高级分析引擎，机器学习算法和文本搜索，还包括计算视图和数据建模等选项。

（2）将数据写入区块链。

虚拟世界状态表支持 INSERT、UPDATE 和 DELETE 等 DML 语句，使用时非常像常规数据库表。不过这些更新不会影响或删除已写入区块链的任何内容，否则就违反了区块链最基本的原则——区块链数据不可篡改性。新的交易会被打包进新的区块，然后附在区块链的末端。这个过程中，应用程序开发人员不需要了解具体实现细节，整个过程是完全透明的，使用起来就像操作一个普通的数据库表。唯一不同的是，单个事务修改的内容在没被成功更新到区块链之前，该事务不会在数据库中提交。

3. SAP HANA 集成服务配置

在展开 SAP HANA 区块链服务实战之前，需要在云平台完成一些配置步骤。如果已经在 SAP 云平台上拥有一个账户，并且此账户的子账户已经配置好了 Hyperledger fabirc 通道和 SAP HANA 集成服务，如图 3-47 所示。

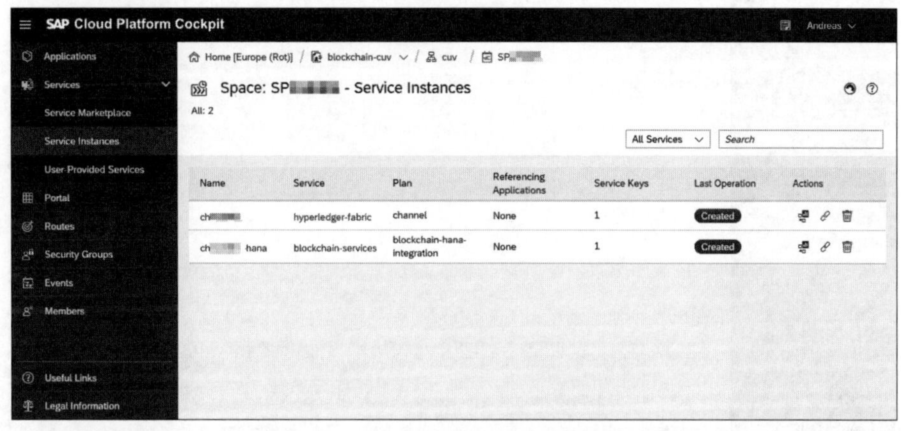

图 3-47　账户已经创建的服务实例

Hyperledger fabirc 通道确保只有您和已经授权的参与方能够共享数据，所有未经授权的机构将被隔离开来。SAP HANA 集成服务将通道连接到 SAP HANA 数据库。用户也可以自行配置此连接，配置信息详见图 3-48。配置过程中，用户可以自定义连接设置为只读还是读写支持，当然也可以配置 SAP HANA 上远程源中的表类型。这一步中最重要的是建立区块链的信息和数据库表中信息的映射关系。

上面的例子定义了一个非常简单的表格布局，用于追踪区块链上的个人信息，也具体展示了在 SAP HANA 端配置远程源的信息。再次提醒您注意的是，SAP HANA 无法直接连接到 SAP 云平台区块链服务，需要借助 SAP HANA 集成服务建立联系。而图 3-49 就是 SAP HANA 集成服务的服务密钥，您需要记录下来，进而完成在 SAP HANA 端配置远程源。

4. 实战演练

接下来我们具体展示如何通过 SAP HANA Express 实现 SAP HANA 区块链服务。SAP HANA Express 是 SAP HANA 的一个精简版本，但提供与 SAP HANA 几乎相同的功能集，而且内存占用量通常较低。使用 SAP HANA Express 版本的另一个巨大的优势是对于小型安装，它是免费的。虽然下面的实战演练是基于 SAP HANA Express。不过以下大多数步骤同样适用于其他版本的 SAP HANA 数据库，用户使用起来不需要担心。

(1) 先决条件。

① SAP 云平台区块链服务实例——MultiChain 或 Hyperledger 皆可。

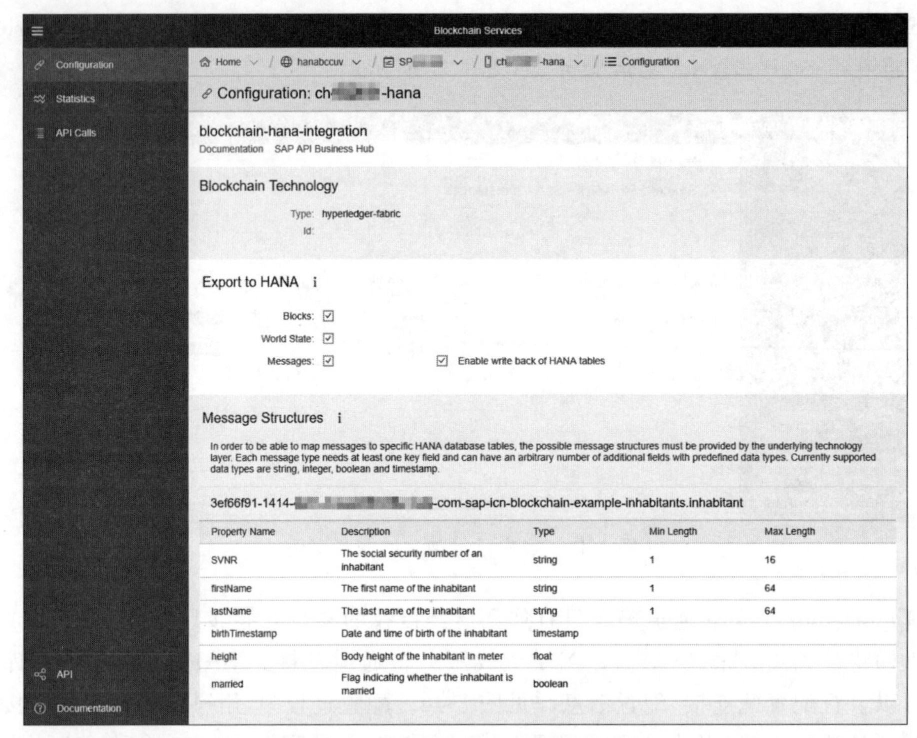

图 3-48 子账户已经创建的服务实例

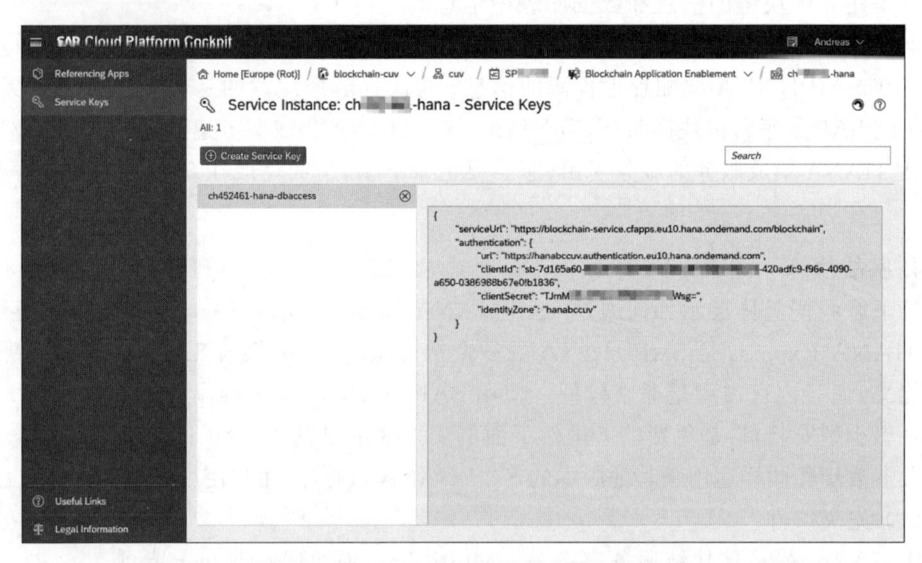

图 3-49 SAP HANA 集成服务服务密钥

② SAP 云平台上的 SAP HANA 集成服务。

③ SAP HANA-Express 版本，或者任何其他版本的 SAP HANA 数据库。

④ 智能数据集成代理，版本要求不低于 2.2.3。

⑤ SAP HANA 区块链适配器。

(2) 安装智能数据集成代理。

如果您已经正确安装了 SAP HANA Express，Data Provisioning Server 应该已经成功启用。

需要注意的是，SAP HANA Express 的 SPS 03 版本虽然也包括智能数据集成代理，不过它的版本是 2.2.3，而 SAP HANA 区块链要求代理版本不低于 2.2.3。因此，需要将代理更新为新版本。成功安装好智能数据集成代理的画面如图 3-50 所示。

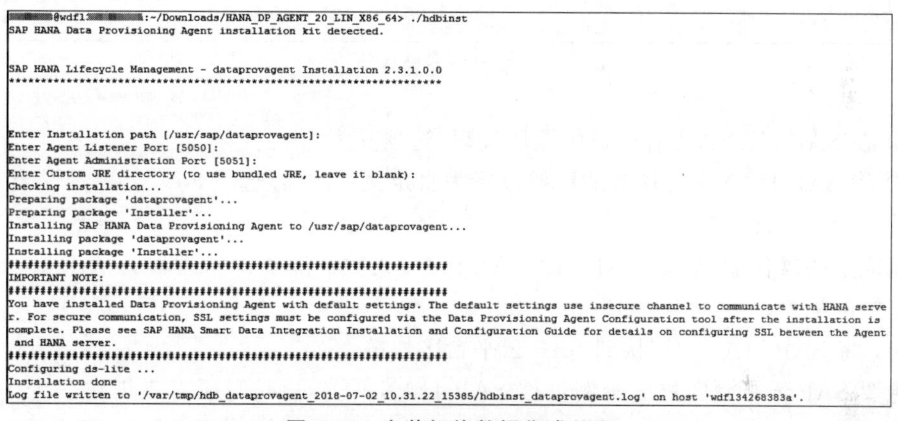

图 3-50 安装智能数据集成处理

(3) 配置智能数据集成代理并部署 SAP HANA 区块链适配器。

成功安装好智能数据集成代理后，我们需要完成一些配置。登录 SAP HANA 的数据库用户至少需要如下系统权限 ADAPTER ADMIN 和 AGENT ADMIN。您可以使用命令行配置工具，也可以使用图形用户界面完成配置。如果远程启动，GUI 版本需要 X11 服务器，并且在 SSH 客户端中启用 X11 转发。图 3-51 展示了配置工具的命令行版本。接下来请执行以下步骤并按照说明为 SAP HANA 区块链设置数据配置代理。

在配置模式下启动命令行工具的代码如下：

```
usr/sap/dataprovagent/bin/agentcli.sh --configAgent
```

① 启动代理［选项 2］；

② 将代理连接到 SAP HANA Express［选项 5］；

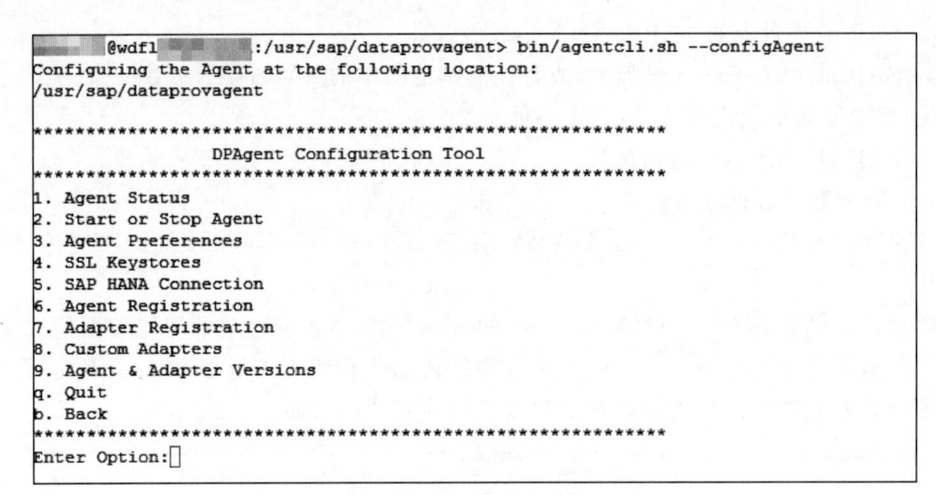

图 3-51 配置智能数据集成处理

③ 在 SAP HANA Express 中注册代理[选项 6]；

④ 将 SAP HANA 区块链适配器设置为自定义适配器[选项 8]；

⑤ 注册适配器[选项 7]。

完成这些操作后，启动 SAP HANA Studio 或数据库资源管理器完成 SAP HANA 数据库端的配置。

(4) 将 SAP HANA 连接到 SAP 云平台区块链。

想要 SAP 云平台区块链实例可被 SAP HANA 访问，我们还需要创建一个远程源，然后通过虚拟表将此远程源映射到数据库的物理表。远程订阅服务将定期轮询 SAP 云平台区块链服务并在 SAP HANA 列存储表中更新记录。

① 创建远程源。

其中大部分配置内容依赖于 SAP HANA 集成服务的密钥。想要创建远程源，既可以在数据库资源管理器中以图形方式完成，也可以通过 SQL 完成，不过数据库用户至少需要 CREATE REMOTE SOURCE 系统特权才能成功创建远程源。图 3-52 展示了如何通过数据库资源管理器创建远程源。

② 创建虚拟表。

当创建完远程源后，需要虚拟表来访问数据。虚拟表将远程源映射到 SAP HANA 的表中，这样就可以通过 SQL 查询访问它们。世界状态表在很多方面看起来和常规数据库表一样，不过查询“* _worldstate”虚拟表总会返回一个空的结果集，这种行为是有意设置的。如果想要查看真实数据，需要先通过远程订阅将区块链数据物理保存到 SAP HANA 中。

Add Remote Source

*Source Name　BC_DEMO

*Adapter Name　BlockchainAdapter

*Source Location　AGENT: dpagent_wdfl

Property	Value
Parameters	
Blockchain URL	https://blockchain-service.cfapps.sap.hana.ondemand.com/block
Access token URL	https://bc.authentication.sap.hana.ondemand.com/oauth
Polling Interval	5
Proxy Hostname	
Proxy Portnumber	
Credentials	
Credentials Mode	Technical User
Access token credentials	
*Client ID	sb-6c581952-　b342|na-54bc25f3-
*Client Secret	•••••••••••••••••••••••••••••

Create　Cancel

图 3-52　创建远程数据源

用户想要创建虚拟表只需在创建虚拟表界面中简单操作即可，如图 3-53 所示。

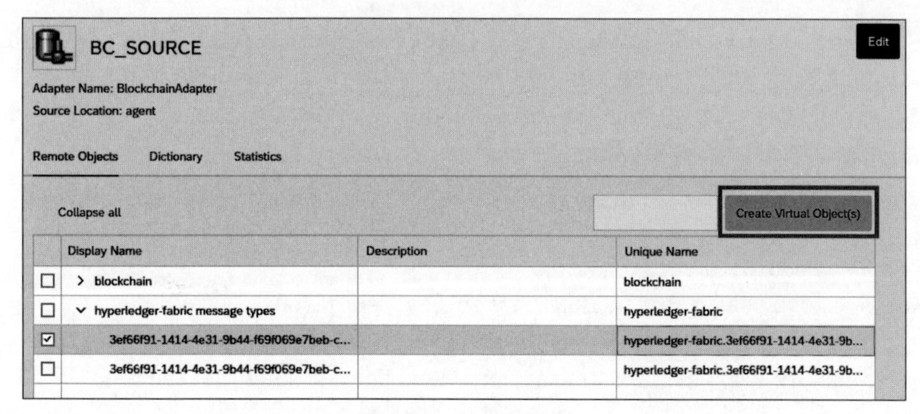

图 3-53　创建虚拟表

接着创建一个名为 INHABITANTS 的简单数据模型。此数据模型在 HANA 集成服务中的配置如图 3-54 所示。

Property Name	Description	Type	Min Length	Max Length
SVNR	The social security number of an inhabitant	string	1	16
firstName	The first name of the inhabitant	string	1	64
lastName	The last name of the inhabitant	string	1	64
birthTimestamp	Date and time of birth of the inhabitant	timestamp		
height	Body height of the inhabitant in meter	float		
married	Flag indicating whether the inhabitant is married	boolean		

图 3-54 创建数据模型

虚拟表的名字可以任意命名。示例中的命名如下：

- 账本表：inhabitants.inhabitant；
- 世界状态表：inhabitants.inhabitant_worldstate。

③ 创建远程订阅。

上一步中创建的虚拟表，只是实际数据的虚拟连接，当前在 SAP HANA 端其实还没有数据，数据需要通过每次访问远端区块链服务获得。以下步骤描述了如何通过设置远程订阅将区块链中的数据物理存储在 SAP HANA 中。

a. 基于虚拟世界状态表创建物理列存储表，代码如下。

```
--create table for replicated data
CREATE COLUMN TABLE INHABITANTS_WORLDSTATE_REPLICA LIKE "inhabitants.inhabitan"
```

b. 创建远程订阅从区块链中提取数据，代码如下。

```
--create a remote subscription that pulls all data from the world state table
CREATE REMOTE SUBSCRIPTION INHABITANTS_WORLDSTATE_SUB
    AS (SELECT *  FROM "inhabitants.inhabitant_worldstate")
    TARGET TABLE INHABITANTS_WORLDSTATE_REPLICA;
```

c. 开始查询和分发数据，代码如下。

```
--start recording data
ALTER REMOTE SUBSCRIPTION INHABITANTS_WORLDSTATE_SUB QUEUE;
--start distributing data
ALTER REMOTE SUBSCRIPTION INHABITANTS_WORLDSTATE_SUB DISTRIBUTE;
```

执行这些步骤后，物理世界状态表能够保持与区块链数据同步，并且该表格可以像任何其他列存储表一样读取。

d. 测试 SAP HANA 区块链。

以下查询可用于测试是否所有内容都已被成功设置。

DML 查询。再次强调，DML 语句不会更改之前已经写入区块链的任何事务。DELETE 语句会将区块链上的记录标记为删除，但不会物理删除该记录，只是对应用程序不可见。

```
--insert new record
INSERT INTO "inhabitants.inhabitant_worldstate"
    ("SVNR", "firstName", "lastName", "birthTimestamp", "height", "married")
VALUES ('123456789', 'Simpson', 'Homer', '1956-05-12', '1.75', true);
--update record
UPDATE "inhabitants.inhabitant_worldstate"
SET "firstName" = 'Abraham'
WHERE "SVNR" = '123456789';
--delete record
DELETE FROM "inhabitants.inhabitant_worldstate" WHERE "SVNR" = '123456789';
```

SQL：查询虚拟账本，代码如下。

```
--query entire transaction history from virtual table
SELECT * FROM "inhabitants.inhabitant";
```

如果按照这样的顺序（INSERT、UPDATE、DELETE）执行了 DML 语句，一条新的在虚拟账本上的 SELECT 语句将呈现如图 3-55 所示的结果。

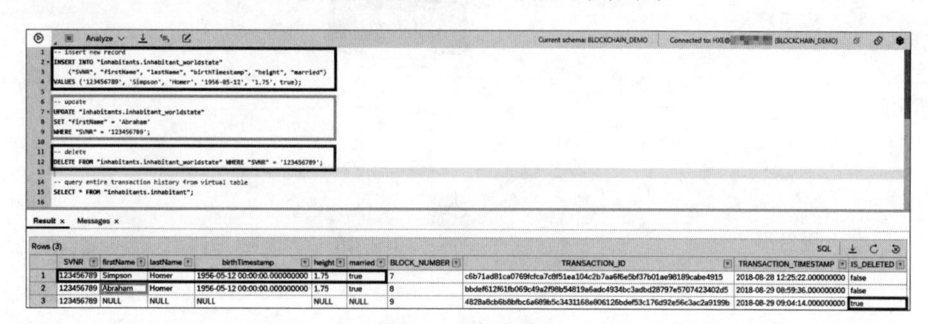

图 3-55 查询结果

SQL：查询物理世界状态表，代码如下。

```
--query worldstate from virtual table -->ALWAYS EMPTY BY DESIGN
SELECT *  FROM "inhabitants.inhabitant_worldstate";
```

对虚拟世界状态表的查询始终返回空的结果集，代码如下。

```
--query replicated worldstate
SELECT * FROM "INHABITANTS_WORLDSTATE_REPLICA";
```

对物理世界状态表的查询仅返回最新版本值。由于我们之前删除了该记录，因此返回的结果也是一个空集。

以上只是 SAP HANA 如何访问区块链数据的一些简单示例。鉴于所有数据都存储在列式存储表中，SAP HANA 列式存储的所有功能集都可以应用到这些表中，如所有高级分析引擎、计算视图等。

3.2.4 SAP 区块链应用程序启用服务

虽然存在不同的区块链技术，从理论上讲，它们的特征大致相同，如保证事务的一致性。然而实际上为了实现这些相似的功能，应用程序不得不去适应不同的区块链技术，因为在实际交互的过程中还是会略有不同。这其实为客户研发区块链应用引入了额外的负担。为了方便客户将区块链功能快速集成到不同应用程序中，SAP 专门提供了一个区块链服务层，该服务层提供了与底层技术无关的区块链服务。业务只需在区块链服务层调用相应 API，就能够轻松启用底层的区块链技术服务，包括时间戳（timestamp）服务、状态证明（proof of state）服务、历史证明（proof of history）服务以及 SAP HANA 集成服务，如图 3-56 所示。

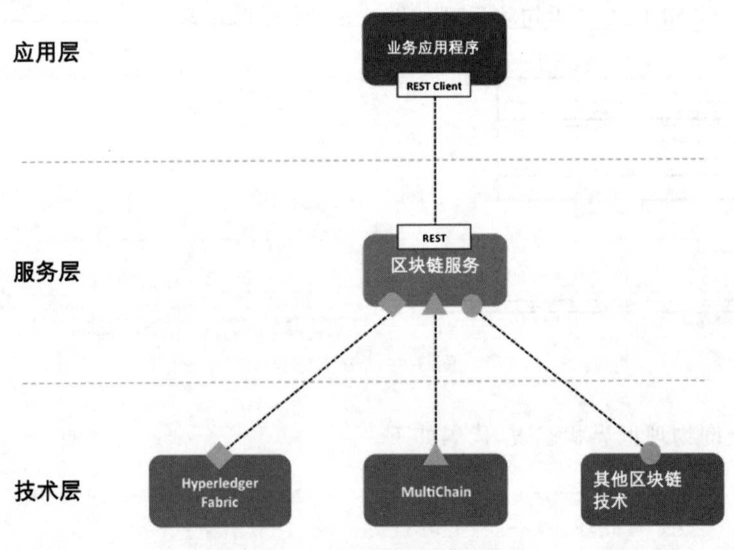

图 3-56　应用程序启用服务概览

时间戳服务向应用程序提供了一个用于读取和写入时间戳值的 API。时间戳服务能够根据不同的区块链技术，如 Hyperledger Fabric、MultiChain 等提供相对应的服务。应用程序只需启用、绑定时间戳服务，就可以调用 API 实现业务功能。

在实际使用过程中可能会存在这样的情况：在开发过程中，时间戳服务运行在某一种区块链技术上，如 Hyperledger Fabric。但是在实际使用过程中，由于各种原因，同一服务又需要启用在其他的区块链技术上。不过不用担心，区块链应用程序启用服务能够确保客户在不同的区块链技术上运行同样的应用程序。

1. 设置区块链应用程序启用服务

区块链应用程序启用服务包括时间戳和历史证明服务等，想要使用这些服务，需要将他们绑定到已经实例化的区块链技术服务。这就要求您必须先创建一个区块链技术服务实例。前面的小节已经详细介绍了如何创建 Hyperledger Fabric 和 Multichain 区块链技术服务实例，读者可以查询相关章节作为参考。在创建区块链技术服务时，需要创建服务密钥，接着分发服务密钥，授权其他服务访问该实例，如图 3-57 所示。在创建区块链应用程序启用服务实例时，前面创建的服务密钥将会作为一个特定的参数。

图 3-57　设置应用程序启用服务

对于不同的区块链技术，区块链应用程序启用服务具体需要的内容如下。

- Hyperledger Fabric：需要创建 Hyperledger Fabric 通道实例。
- MultiChain：需要创建 MultiChain 服务实例和流。
- Quorum：需要创建 Quorum 服务实例。

2. 实战演练

(1) 创建区块链应用程序启用服务。

想要创建区块链应用启用服务实例，可以遵循如下步骤。

① 登录 SAP 云平台主控室并打开全局账户。

② 打开所需的子账户，这将会显示该子账户的概述，包括已经创建的空间和配额。

③ 在左侧菜单上选择“空间”，然后创建开发空间。

④ 打开创建的空间后，选择左侧菜单上的“服务”→“服务市场”，这会列出所有可用的服务，如图 3-58 所示。

⑤ 打开“区块链应用程序启用服务”(Blockchain Application Enablement)。

⑥ 在左侧菜单上选择“实例”→“新实例”，打开“创建实例”窗口。

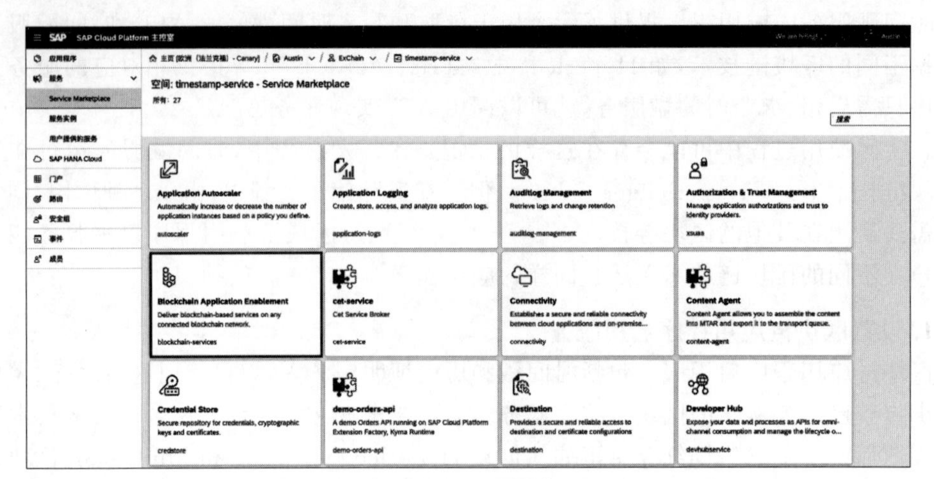

图 3-58 可用服务

⑦ 选择所需的区块链服务计划 → 时间戳服务。

⑧ 将之前已经创建好的服务密钥复制并粘贴到"指定参数"字段中,这是非常重要的一步。

区块链应用程序启用服务需要此信息才能将时间戳服务绑定到指定的区块链技术实例,示例中我们将服务绑定到已经创建的 Hyperledger Fabric 通道。除此之外,这里也罗列了针对其他区块链技术所需的服务密钥大致信息。

```
Hyperledger Fabric
{
    "documentation": "https://help.sap.com/viewer/p/BLOCKCHAIN_APPLICATION_
ENABLEMENT",
    "type": "Hyperledger-fabric",
    "channelId": "",
    "serviceUrl": "",
    "oAuth": {
        "clientId": "",
        "clientSecret": "",
    "url": ""
}

MultiChain
{
    "documentation": "https://help.sap.com/viewer/p/BLOCKCHAIN_APPLICATION_
```

```
ENABLEMENT",
    "type": "MultiChain",
    "stream": "",
    "api_key": "",
    "url": ""
}

Quorum
{
    "documentation": "https://help.sap.com/viewer/p/BLOCKCHAIN_APPLICATION_
ENABLEMENT",
    "type": "quorum",
    "address": "",
    "rpc": "",
    "password": ""
}
```

⑨ 创建好时间戳服务实例之后,需要为它创建服务密钥,选择 SAP Node 命令。

⑩ 在左侧菜单上单击"服务键值",然后创建服务键值,创建好的服务密钥如图 3-59 所示。

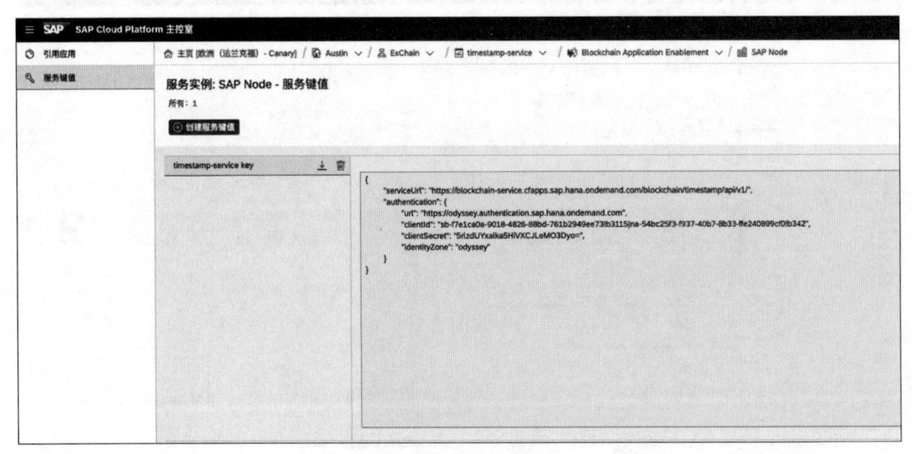

图 3-59　服务密钥

(2) 使用区块链应用程序启用服务。

单击"打开仪表盘",会显示时间戳服务更多信息,如图 3-60 所示。可以看到时间戳服务已经成功绑定到了 Hyperledger Fabric 通道,智能合约已经部署。

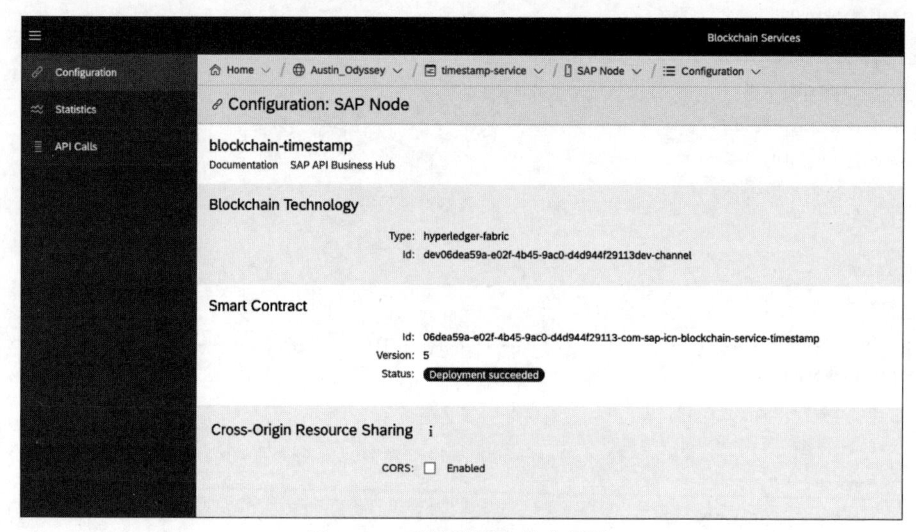

图 3-60　时间戳服务信息概览

与此同时，切换到 Hyperledger Fabric 通道仪表盘，可以看到包含时间戳服务的智能合约也已经初始化了，如图 3-61 所示。

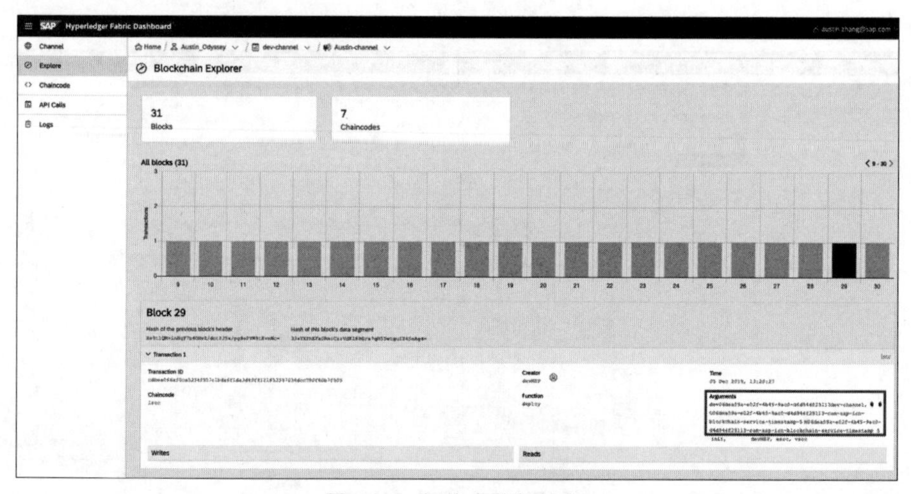

图 3-61　智能合约初始化

目前我们已经创建好了时间戳服务，接下来只需要调用 API。单击 API，您会被指引到 SAP 官方 API Business Hub，选择“配置环境”。将上一步创建的“服务键值”信息粘贴到相应的位置后就可以使用了。

这里我们简单调用 POST API，如将 key 设为 Austin，单击 Excute 按钮，时间戳服务就会将 key 为 Austin 的 value 值设为当前时间戳，然后将信息记录到区块链中。当我们再次查询 Hypedledger Fabric 中的区块信息，就可以看到刚才创建的记录，如图 3-62 和图 3-63 所示。

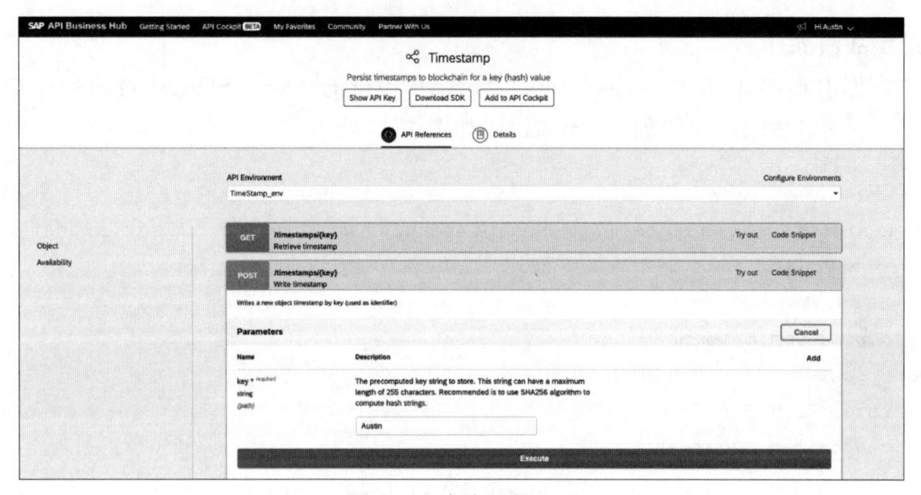

图 3-62　查询记录(一)

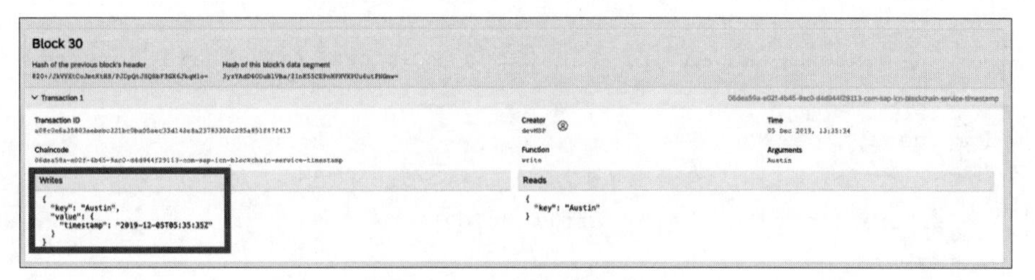

图 3-63　查询记录(二)

3.2.5　将区块链服务集成到 S/4 HANA Cloud

在开发与 SAP 云解决方案，如 SAP S/4 HANA Cloud、SAP SuccessFactors 等通信的应用程序时，SAP Cloud SDK 能为开发者提供端到端支持。开发者可以利用 SDK 提供的最佳实践来减轻在 SAP 云平台上开发应用程序时的工作量。该 SDK 提供了 Java 库、JavaScript 库、项目模板和持续交付工具包等。

下面描述了在 JAVA Springboot 项目中使用 SAP Cloud SDK 调用 Multichain 服务，与 S/4HANA Cloud 集成，并将项目部署到 SAP 云平台的过程。

1. 实现业务场景

将某业务伙伴的IBAN从S/4HANA Cloud读出后写入区块链，然后查询区块链验证。IBAN是国际银行账户号码(The International Bank Account Number)的代码。它是由欧洲银行标准委员会，按照其标准制定的一个银行账户号码。

2. 实战演练

(1) 使用"mvn archetype:generate"与SAP提供的Cloud SDK项目模版生成Java Springboot项目骨架的代码如下，详细代码如图3-64所示。

```
mvn archetype:generate -DarchetypeGroupId=com.sap.cloud.sdk.archetypes -
DarchetypeArtifactId=scp-cf-spring -DarchetypeVersion=3.1.0

groupId: com.mycompany.test
artifactId: TechEd_AIN101
version: 1.0-SNAPSHOT
package: com.mycompany.test
```

(2) 引入项目到IDE中，将SAP Cloud MultiChain SDK依赖加入pom.xml，如图3-65所示。

```
<!-- Dependency added for SAP Cloud Platform MultiChain service access
facilitation -->
<dependency>
    <groupId>com.sap.cloud.sdk.services</groupId>
    <artifactId>blockchain</artifactId>
</dependency>
```

(3) 进入项目目录，安装依赖，代码如下：

```
mvn clean install -Dmaven.test.skip=true
```

(4) 假设业务规定：将IBAN写入区块链或者从区块链读出时，需要返回IBAN、布发者和上链时间。那么需要对返回对象建立如下类：

```
package com.mycompany.test.models;
import com.fasterxml.jackson.annotation.JsonProperty;
public class IBANResponse {
    @JsonProperty("iban")
    private final String iban;
```

```
→ sdk-demo mvn archetype:generate -DarchetypeGroupId=com.sap.cloud.sdk.archetypes -DarchetypeArtifactId=scp-cf-spring -DarchetypeVersion=3.1.0
[INFO] Scanning for projects...
[INFO]
[INFO] ------------------< org.apache.maven:standalone-pom >-------------------
[INFO] Building Maven Stub Project (No POM) 1
[INFO] --------------------------------[ pom ]---------------------------------
[INFO]
[INFO] >>> maven-archetype-plugin:3.1.2:generate (default-cli) > generate-sources @ standalone-pom >>>
[INFO]
[INFO] <<< maven-archetype-plugin:3.1.2:generate (default-cli) < generate-sources @ standalone-pom <<<
[INFO]
[INFO]
[INFO] --- maven-archetype-plugin:3.1.2:generate (default-cli) @ standalone-pom ---
[INFO] Generating project in Interactive mode
[INFO] Archetype repository not defined. Using the one from [com.sap.cloud.sdk.archetypes:scp-cf-spring:3.8.0] found in catalog remote
Define value for property 'groupId': com.mycompany.test
Define value for property 'artifactId': TechEd_AIN101
Define value for property 'version' 1.0-SNAPSHOT: :
Define value for property 'package' com.mycompany.test: :
[INFO] Using property: gitignore = .gitignore
[INFO] Using property: skipUsageAnalytics = false
Confirm properties configuration:
groupId: com.mycompany.test
artifactId: TechEd_AIN101
version: 1.0-SNAPSHOT
package: com.mycompany.test
gitignore: .gitignore
skipUsageAnalytics: false
 Y: : y
[INFO] ----------------------------------------------------------------------------
[INFO] Using following parameters for creating project from Archetype: scp-cf-spring:3.1.0
[INFO] ----------------------------------------------------------------------------
[INFO] Parameter: groupId, Value: com.mycompany.test
[INFO] Parameter: artifactId, Value: TechEd_AIN101
[INFO] Parameter: version, Value: 1.0-SNAPSHOT
[INFO] Parameter: package, Value: com.mycompany.test
[INFO] Parameter: packageInPathFormat, Value: com/mycompany/test
[INFO] Parameter: package, Value: com.mycompany.test
[INFO] Parameter: version, Value: 1.0-SNAPSHOT
[INFO] Parameter: groupId, Value: com.mycompany.test
[INFO] Parameter: skipUsageAnalytics, Value: false
[INFO] Parameter: gitignore, Value: .gitignore
[INFO] Parameter: artifactId, Value: TechEd_AIN101
[INFO] Project created from Archetype in dir: /Users/i351054/play_station/sdk-demo/TechEd_AIN101
[INFO] ------------------------------------------------------------------------
[INFO] BUILD SUCCESS
[INFO] ------------------------------------------------------------------------
[INFO] Total time:  32:57 min
[INFO] Finished at: 2019-11-26T21:27:18+08:00
[INFO] ------------------------------------------------------------------------
```

图 3-64　生成项目骨架

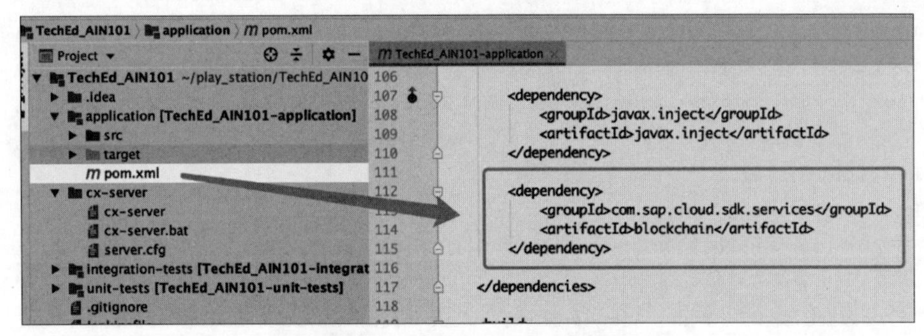

图 3-65　添加 Multichain SDK

```
@JsonProperty("publisher")
private final String publisher;
@JsonProperty("blockime")
```

```
    private final String blocktime;

    public IBANResponse( final String iban, final String publisher, final String
blocktime ) {
        this.iban = iban;
        this.publisher = publisher;
        this.blocktime = blocktime;
    }
}
```

(5) 分别创建读写控制器用于将 IBAN 上链或从链中读出。

① 上链。将公司 company_01 的 IBAN ES7921000813610123456789 写入区块链中：

```
package com.mycompany.test.controllers;
import java.util.Arrays;
import java.util.HashMap;
import java.util.List;
import java.util.Map;
import com. sap. cloud. sdk. services. blockchain. multichain. service.
MultichainService;
import org.slf4j.Logger;
import org.slf4j.LoggerFactory;
import org.springframework.http.ResponseEntity;
import org.springframework.web.bind.annotation.RequestMapping;
import org.springframework.web.bind.annotation.RequestMethod;
import org.springframework.web.bind.annotation.RequestParam;
import org.springframework.web.bind.annotation.RestController;
import com.mycompany.test.models.IBANResponse;

@RestController
@RequestMapping( "/write" )
public class WriteIBANController {

    private static final Logger logger = LoggerFactory.getLogger(WriteIBANController
.class);
    private static final String COMPANY_ID = "company_01";

    @RequestMapping( method = RequestMethod.GET )
      public  ResponseEntity < IBANResponse > writeIBAN  ( @  RequestParam
```

```
(defaultValue ="ES7921000813610123456789") final String iban )
    {
        MultichainService mcService =MultichainService.create();
        String streamID ="root";
        List<String>keys =Arrays.asList(COMPANY_ID);
        Map<String,Object>value =new HashMap<String,Object>() {{ put("IBAN",
iban); }}; mcService.publishJson(streamID, keys, value, null);
        logger.info("IBAN " +iban +" provided");
        return ResponseEntity.ok(new IBANResponse(iban, "", ""));
    }
}
```

② 从链中读出。将公司 company_01 的 IBAN 从区块链中读出：

```
package com.mycompany.test.controllers;
import java.util.HashMap;
import org.slf4j.Logger;
import org.slf4j.LoggerFactory;
import org.springframework.http.ResponseEntity;
import org.springframework.web.bind.annotation.RequestMapping;
import org.springframework.web.bind.annotation.RequestParam;
import org.springframework.web.bind.annotation.RequestMethod;
import org.springframework.web.bind.annotation.RestController;
import com.mycompany.test.models.IBANResponse;
import com.sap.cloud.sdk.services.blockchain.multichain.model.MultichainResult;
import com.sap.cloud.sdk.services.blockchain.multichain.service.MultichainService;

@RestController
@RequestMapping( "/read" )
public class ReadIBANController {

    private static final Logger logger =LoggerFactory.getLogger(ReadIBANController
.class);

    @RequestMapping( method =RequestMethod.GET )
    public ResponseEntity< IBANResponse > getIBAN ( @RequestParam ( defaultValue =
"company_01" ) final String companyID )
    {
        // Create MultiChain instance
```

```
        MultichainService mcService =MultichainService.create();

        // Execute query
          MultichainResult  queryResult  = mcService. getLatestEntryOnStream
("root", companyID).get();

        // get IBAN value out of Result
        String iban = ((HashMap<String, String>) queryResult.getJsonData().get
("json")).get("IBAN");
        String publisher =queryResult.getPublishers().get(0);
        String blocktime =queryResult.getBlocktime().toString();

        logger.info("IBAN " +iban +" provided. Published by " +publisher +" at " +
blocktime);
        return ResponseEntity.ok(new IBANResponse(iban, publisher, blocktime));
    }
}
```

（6）执行 `mvn clean package -Dmaven.test.skip=true` 编译项目。

（7）登录 cfcf login` 成功后执行 `cf push` 将项目推送部署到 SAP 云平台，如图 3-66 所示。

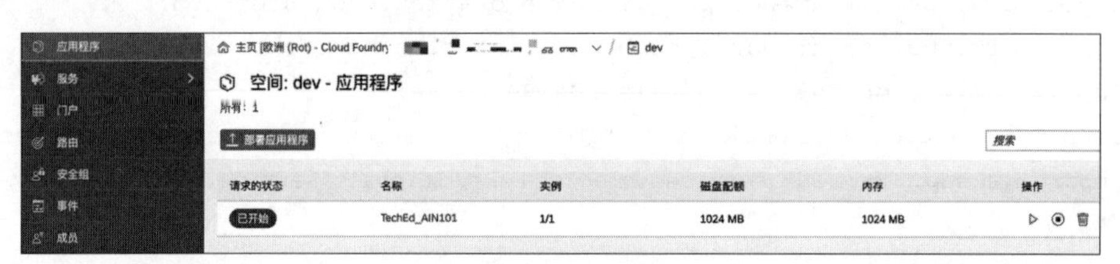

图 3-66　部署项目

部署完成后进入应用程序，单击应用程序路由进入。如果成功将项目部署到了 SAP 云平台上，可以看到如图 3-67 所示界面。

（8）接下来，为了让应用程序能够调用 MultiChain 服务，还需要在 SAP 云平台上创建 MultiChain 服务实例（或使用已存在实例），然后再将 MultiChain 服务实例与应用进行绑定，如图 3-68 所示。前面的小节已经详细介绍了如何创建 MultiChain 服务，这里就不再赘述，但要记得在分配应用程序时绑定刚刚部署的项目。

（9）重启应用程序，使绑定生效。

（10）访问＜应用程序路由地址＞/write 将看到 company_01 公司的默认 IBAN 已经

图 3-67　登录页面

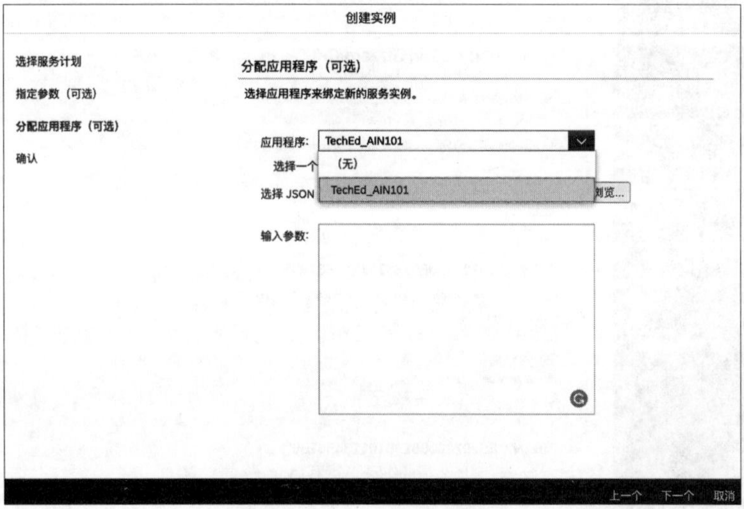

图 3-68　分配应用程序

写入区块链。

(11) 访问＜应用程序路由地址＞/read 可以查询到刚写入的 IBAN,发布者和创建时间,如图 3-69 所示。

(12) 打开 MultiChain 服务实例仪表盘,查看流数据,刚刚记录的数据都已经上链,如图 3-70 所示。

至此,就可以实现在 SAP 云平台上使用 SAP Cloud SDK 调用 MultiChain 服务。

除了上面通过传参数的方式传递 IBAN,我们还可以通过与 S/4HANA Cloud 集成,将从 S/4HANA Cloud 查询出的 IBAN 记录到区块链上。

techedain101-reliable-wolverine.cfapps.us10.hana.ondemand.com/read


```
// 20191130214742
// https://techedain101-reliable-wolverine.cfapps.us10.hana.ondemand.com/read

{
  "iban": "ES7921000813610123456789",
  "publisher": "17u8T5enUXxEnjokzHhyhsjmf7R4Zr1ZWUDczw",
  "blockime": "2019-11-30T13:40:26Z"
}
```


图 3-69　查询 IBAN

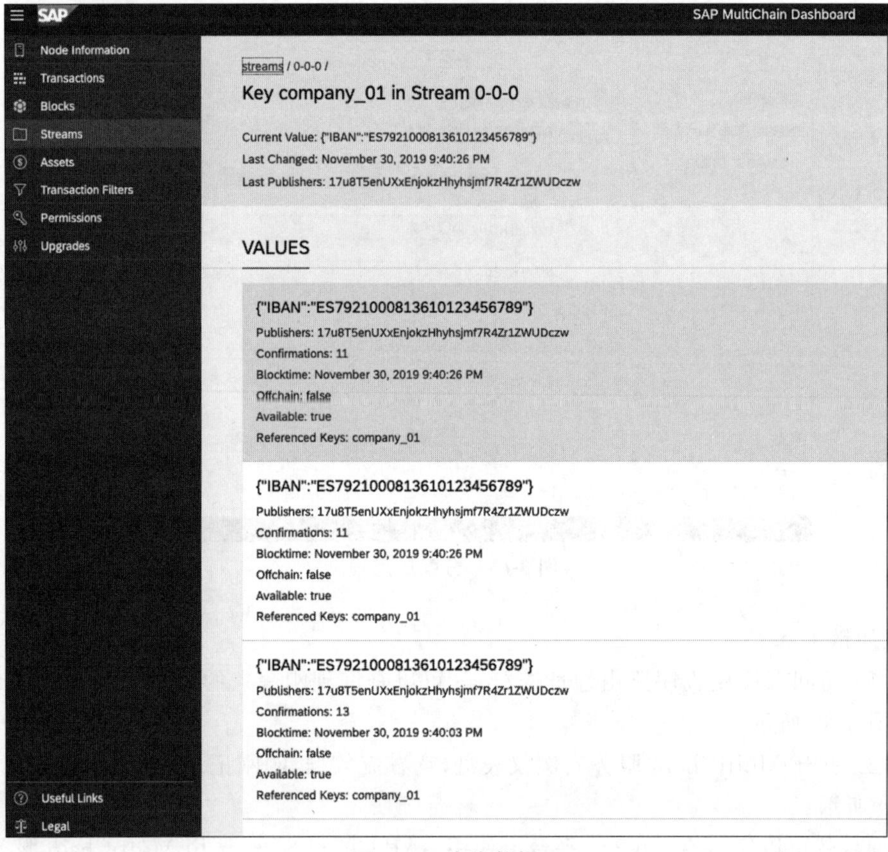

图 3-70　查询数据

3. 集成 S/4HANA Cloud

（1）访问 SAP API Business Hub（https://api.sap.com/api/API_BUSINESS_PARTNER/resource），登录并获取 API Key，如图 3-71 所示。

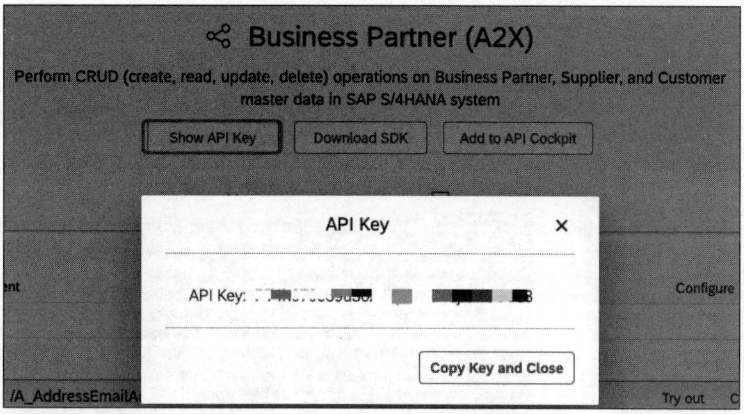

图 3-71 获取 API Key

SAP API Business Hub 是 SAP 提供给业务伙伴（business partner）、供应商（supplier）和客户（customer）可对 SAP S/4HANA 系统中主数据进行增、删、改、查操作的沙箱环境。

您可以使用 API GET/A_BusinessPartner('{BusinessPartner}')/to_BusinessPartnerBank 查询业务伙伴的银行信息。例如，查询 Business Partner Number 为 10100001 业务伙伴的银行信息，如图 3-72 所示。

（2）接着修改 WriteIBANController，加入与 S/4HANA Cloud 集成逻辑，然后重新 cf push 部署应用程序，代码如下。

```
@RequestMapping( method =RequestMethod.GET )
    public ResponseEntity<IBANResponse>writeIBAN( @ RequestParam ( defaultValue =
"ES7921000813610123456789" ) final String iban )
    {
        String hana_iban =iban;
        //当参数为 write? iban=erp 时，从 S/4HANA Cloud 获取 IBAN 码
        if (iban.equals("erp")) {
        //填写上一步获取的 API Key
            Header header =new Header("APIKey",
            "PT4h670e89u3ozdAp5hkA4ejNr4eCGJ3");
        //向沙箱 S/4HANA Cloud 系统发送请求
```

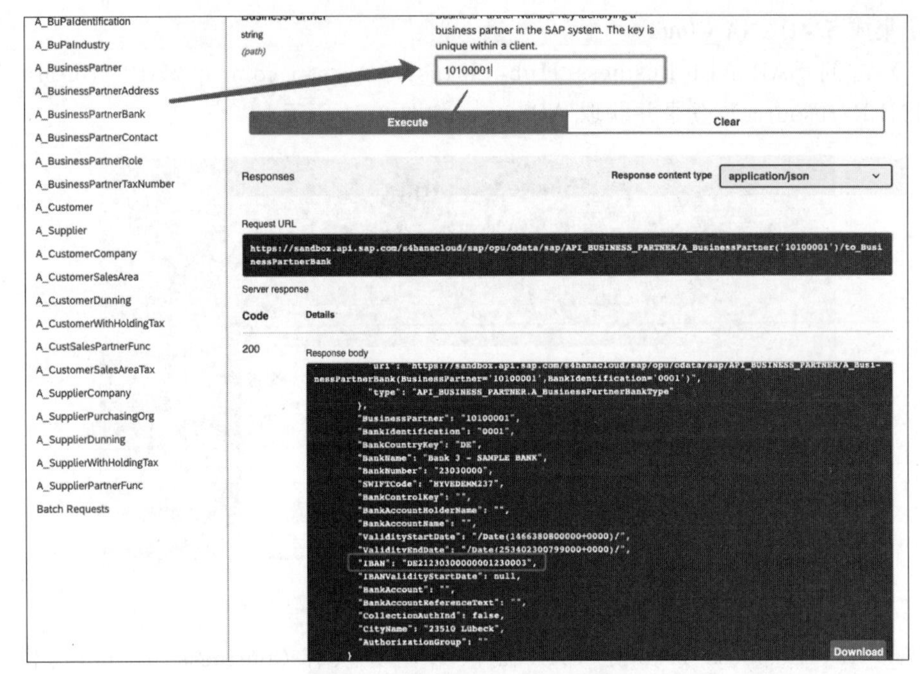

图 3-72　查询业务伙伴银行信息

```
    DefaultHttpDestination destination =DefaultHttpDestination.
    builder("https://sandbox.api.sap.com/s4hanacloud").header
    (header).build();

    try {
        BusinessPartnerBank bankDetails =new DefaultBusinessPartnerService().
        getBusinessPartnerBankByKey("10100001", "0001").execute(destination);
//取出从 S/4HANA Cloud 系统返回的 IBAN
        hana_iban =bankDetails.getIBAN();
    } catch (ODataException e) {
        return ResponseEntity.ok(new IBANResponse("NOT FOUND","",""));
    }
}

MultichainService mcService =MultichainService.create();
String streamID ="root";
List<String> keys =Arrays.asList(COMPANY_ID);
final String myIBAN =hana_iban;
```

```
        Map<String,Object>value =new HashMap<String,Object>() {{ put("IBAN",
myIBAN); }}; mcService.publishJson(streamID, keys, value, null);
        logger.info("IBAN " +myIBAN +" provided");
        return ResponseEntity.ok(new IBANResponse(myIBAN, "", ""));
    }
```

(3) 再次访问<应用程序路由地址>/write，验证是否从 S/4 HANA Cloud 查询的客户 IBAN 被记录到区块链中。从图 3-73 中可以看到，从 S/4HANA Cloud 查询得出的 BusinessPartner Number 为 10100001 业务伙伴的 IBAN：DE21230300000001230003 已被记录到区块链上。

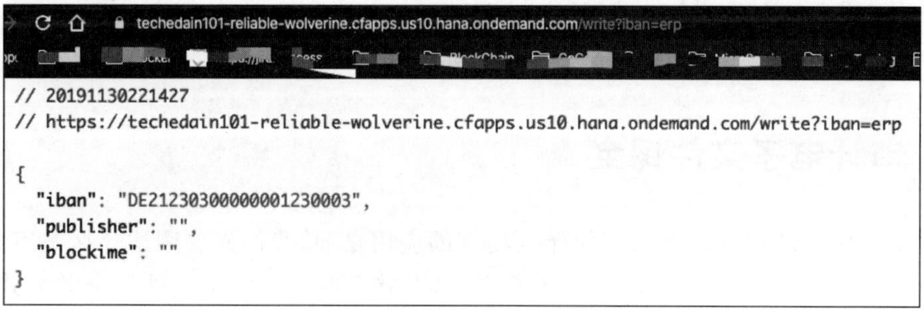

```
techedain101-reliable-wolverine.cfapps.us10.hana.ondemand.com/write?iban=erp

// 20191130221427
// https://techedain101-reliable-wolverine.cfapps.us10.hana.ondemand.com/write?iban=erp

{
  "iban": "DE21230300000001230003",
  "publisher": "",
  "blockime": ""
}
```

图 3-73　查询历史记录

企业区块链应用

区块链的企业级应用场景十分广泛，本章着重介绍区块链在审计电子文件保全、电子发票和税收及供应链与物流方向的应用场景。

4.1 审计电子文件保全

在了解区块链在审计电子文件保全场景的应用之前，我们先要阐述什么是审计电子文件，审计电子文件和其他文件有什么不同，当下有哪些审计电子文件保全的方式，基于此我们才能看到区块链方案的优势。

4.1.1 审计电子文件

我们将从电子文件类型、审计电子文件现行标准和审计电子文件报送方式三个维度阐述审计电子文件的含义。

1. 电子文件类型

电子文件是指在数字设备及环境中形成，以数码形式存储于磁带、磁盘、光盘等载体，依赖计算机等数字设备阅读、处理，并可在通信网络上传送的文件。电子文件既是“数字信息”的一种形式，也是“文件”的一种数字化的呈现，具备两者的特征。与数字信息相同，电子文件是由数字设备生成，以数码形式存储并可以通过通信网络进行传送，这是电子文件和其他物理文件的基本区别。同时，电子文件也是属于文件的一种类型，具备文件的各种属性，特别是要有特定的用途和效力，这是电子文件区别于一般数字信息的基本特征。因此，从逻辑上来说，电子文件是具有文件特征的数字信息，也是具有数字信息特征的文件。

本文所涉及的电子文件主要是指文本文件，常用的格式有 PDF 和 XML。

(1) PDF(portable document format)。

PDF 是 ISO32000 定义的电子格式，用户用此格式能够交换和查看电子文件而不依赖其创建环境。因其只读特性及强大的格式化显示能力，被广泛应用于保险合同、网银对账单、电子工单、报价单等较为正式的场合。

(2) XML(extensible markup language)。

XML 是 W3C 推荐标准，旨在用来传输和存储结构化数据，XML 文件是遵循 XML 所生成的电子文件。对于大型复杂的文件和高度结构化的数据，XML 是一种理想的描述语言，不仅允许指定文件中的词汇，还允许指定元素之间的关系，被广泛应用于机器可识别的数据交换标准中，如 ebXML、审计标准等。

PDF 和 XML 文件格式由于其开放性和标准化，已经在各行业中广泛应用，尤其是在国际或国家标准规范中被选择为格式化电子数据的载体。TXT 和 CSV 格式的数据也常出现在标准规范中，但由于其过于简单，无法表达复杂的数据结构，逐步被 XML 取代。近年来，JSON 格式的数据由于其简便性被很多信息系统采纳为数据交换的格式，但尚未应用于法定标准规范中。

2. 审计电子文件现行标准

审计电子文件是指遵循特定的国家或国际审计数据标准创建的，以审计为目的的电子文件，目前国际上主流的审计数据标准主要有 3 个，分别是中国的 GB/T 24589 信息技术会计核算软件数据接口、欧盟的标准税务审计文件(standard audit file for tax，SAF-T)、XBRL 国际联合会制定发布的 XBRL GL 分类标准。随着企业信息系统的普及，为保证数据的准确性和真实性，一般情况下审计电子文件会直接从企业信息系统输出，为满足系统之间的数据交换需求，审计电子文件的格式一般采用 XML 格式。

(1) GB/T 24589。

GB/T 24589 标准是由中国审计署提出，全国审计信息标准化技术委员会组织制定，基于 2004 年发布的 GB/T 19581—2004《财经信息技术　会计核算软件数据接口》，GB/T 24589 对原有标准进行了扩展和技术内容更新。该标准分为 4 部分：企业、行政事业单位、总预算会计、商业银行。其中，企业部分和行政事业单位部分于 2010 年发布，总预算会计及商业银行部分于 2010 年发布。

GB/T 24589 描述了会计核算软件所需的数据元素，规定了数据接口的输出内容和结构，如表 4-1 所示。数据内容包括电子账簿、会计科目、记账凭证、科目余额、报表等；数据输出格式，规定以 XML 文件输出，并以一定期间为单位导出会计核算数据。这四部分由于会计核算基础、会计要素构成等的不同，数据接口在数据元素、数据结构等方面存在一定的区别。

表 4-1 GB/T 24589 的输出内容和结构

GB/T 24589 财经信息技术 会计核算软件数据接口			
GB/T 24589.1—2010 企业	GB/T 24589.2—2010 行政事业单位	GB/T 24589.3—2010 总预算会计	GB/T 24589.4—2010 商业银行
公共档案 总账 应收应付 固定资产 员工薪酬	公共档案 总账 资产 工资	基础信息 总预算账 收入事项 支出事项 结算结余事项	公共基础档案 公共变动档案 个人信贷业务 对公信贷业务 个人信贷核心会计 对公信贷核心会计 个人存款核心会计 对公存款核心会计 内部分户账核心会计 表外分户账核心会计 总账

在中国审计标准的基础上，中国审计署、中国国家标准化委员会向国际标准化组织(ISO)提出审计数据采集国际标准项目，2015 年 3 月国际标准化组织批准成立审计数据采集项目委员会，由中国担任主席和秘书处工作，截至目前，该委员会有 39 个成员国。

(2) SAF-T。

标准税务审计文件(SAF-T)是经济合作与发展组织(organization for economic co-operation and development，OECD)定义的一个国际标准。为了帮助税务监管部门或外部审计机构稽查税务审查，更高效和有效地识别不合规的税务申报行为，它规范了企业会计核算软件与审计机构进行数据交换的标准格式。2005 年 5 月，经 38 个成员国同意，经合组织财政事务委员会发布了第一版 SAF-T 指南，包含了总账科目表条目、客户和供应商的主文件数据以及发票、订单、付款及调整的详细信息，技术上用 DTD 格式描述 XML Schema。2010 年 4 月，修订版 2.0 将标准扩大到包括库存和固定资产的信息。同时考虑到成员国建议，将技术架构更改为 XML 格式，该版本不完全向后兼容 v1.0。

SAF-T 2.0 的数据元素包括总账与日记账，应付账款(包括供应商主数据、支付分类账和供应商发票)，应收账款(包括客户主数据、支付分类账和客户发票)，固定资产分类账(包括固定资产主数据、折旧和摊销)，库存分类账(包括产品主数据，移库明细)5 个主要模块，如表 4-2 所示。在设计 SAF-T 的时候，企业薪酬类数据元素没有纳入其中，而由标准薪酬审计文件 SAF-P(standard audit file for payroll)描述，两个审计文件之间数据元素之间的对应关系没有严格描述。尽管 SAF-T 规范了语法(格式)和语义(含义)，它并没有指定审计电子文件输出的具体类型，由成员国在实施过程中具体考虑，常见的输出格式为

XML 或者 XBRL(extensible business reporting language,可扩展商业报告语言)。

表 4-2　SAF-T 2.0 的数据元素

SAF-T 2.0 标准税务审计文件				
总　账	应付账款	应收账款	固定资产分类账	库存分类账
日记账	供应商主数据 支付分类账 供应商发票	客户主数据 支付分类账 客户发票	固定资产主数据 折旧和摊销	产品主数据 移库明细

2008 年,葡萄牙税务局(autoridade tributária e aduaneira,ATA)率先在 SAF-T 的基础上扩展定义了自己的国家版本,之后欧洲其他成员国纷纷推出并应用自己的国家版本,如卢森堡、奥地利、德国、法国(fichier des ecritures comptables,FEC(CSV 格式)、波兰、挪威、立陶宛等,并逐步从推荐提交提升为强制提交。

(3) XBRL GL 分类准则。

XBRL GL(XBRL global ledger taxonomy)分类准则是 XBRL 国际联合会于 2007 年发布并推荐的分类准则,可以展现明细的财务和非财务信息。2013 年,美国注册会计师协会(AICPA)发布审计数据系列标准(audit data standards),其数据格式采用了 XBRL GL 分类标准。

XBRL GL 分类标准包含核心模块(COR)、高级商业概念模块(BUS)、多币种模块(MUC)、美英特定概念模块(USK)、税务审计文件模块(TAF)、汇总报告上下文数据模块(SRCD),并提供 8 种不同的模块组合。每个模块都拥有模式(XSD)文件和链接库(XML)文件。Schema 文件定义报告中所需的数据元素,链接库文件构建元素之间的关系、元素的特定语言标签和会计科目的准则参考等。XBRL GL 拥有灵活可扩展性,不同行业可以根据自身需要增加标签来扩展标准。XBRL GL 分类标准标签如表 4-3 所示。

根据 XBRL 规范和 XBRL GL 分类标准生成的实例(XML)文件可以被方便地提取和分析,并且具有很好的跨平台数据传输功能。可以作为不同应用系统之间数据交换的枢纽,把明细数据与其他汇总报告分类标准(IFRS、US-GAAP、特定企业或者特定行业的财务报告格式)关联起来,为企业管理人员、会计审计人员、投资方、监管机构提供更准确、更透明的数据。

3. 审计电子文件报送方式

审计电子文件报送是指被审计单位按照审计机构指定的审计数据标准要求生成审计电子文件,并在规定的时间周期内提交给审计机构。审计机构和被审计单位之间交接审计电子文件需要有安全保障,最简单的报送方式为被审计单位从企业信息系统中输出审计

表 4-3 XBRL GL 分类标准标签

XBRL GL 分类准则				
文档信息	实体信息	分类信息		
文档类型 审计号 修改前的审计号 对以往数据采取的举措 语言 创建日期 创建者 文档说明 所涵盖期间的起始 所涵盖期间的终止 期间数 期间单位 期间单位描述 源应用 目标应用 默认币种 汇总报告分类标准结构	实体电话号话 实体传真号码 实体电子邮件地址 默认会计方法目的 默认会计方法描述 组织标识符 组织地址 实体网站 联系方式 业务描述 会计年度的起始 会计年度的终止 会计方法 会计人员信息	分录过账日期 分录创建人 分录最后修改人 分录日期 负责人 源日记账 日记账描述 类型标识符 分录起源 分录标识符 分录描述 分录限定符 分录限定符描述 过账代码 分录组的批量标识符 批量描述 分录数	借项会计 贷项会计 记账与纳税之间差异的类型 抵消代码 预算情境期间起始 预算情境期间终止 预算情境描述 预算情境代码 预算分配代码	转回分录、标准分录或者主分泵的标识符 经常性标准描述 频度间隔 频度单位 重复保持 下一次重复日期 上一次重复日期 重复分录的终止日期 转回与否 转回日期 分录号计数器 分录明细
XBRL GL 分类准则-分录信息-分录明细				
行号 行号计数器 科目标识符 金额 币种 原始汇率日期 原始币种额度 原始币种 原始汇率 原始汇率来源 原始汇率说明 以三边币种计的原始频度	原始三种币种 本币对三边币种的汇率 本币对三边币种的汇率来源 本币对三边币种的汇率类型 原始币种对三边币种的汇率 原始币种对三边币种的汇率来源 原始币种对三边币种的汇率类型 额度的符号	借项/贷项标识符 过账日期 备注行 分配代码 多币种明细 标识符参考结构原始 文件类型 原始文件类型描述 发票类型 原始文件号 应用号 原始文件参考	文件日期 接收日期 可支付或者可偿付 原始文件位置 支付方法 过账状态 过账状在记描述 XBRL 信息 明细描述 承认日期 确认日期	装运自 装运/接收日期 到期日期 支付条款 可度量结构 作业信息 折旧抵押结构 税费信息 记号域 文档保留余额 唯一托运编号 原始文档结构

电子文件之后采用安全的介质保存并于线下递交给审计机构。为提高报送效率，有些国家的审计机构会开放审计系统的审计电子文件在线报送的接口，被审计单位可以通过在

线提交或者系统直连的方式上传审计电子文件。

(1) 线下递交。

线下递交一般是指被审计单位从企业信息系统中输出审计电子文件,并下载到安全的存储介质,审计机构如果派驻审计人员到企业现场,则在现场审计过程中直接交接审计电子文件,如果没有审计人员在现场审计,则由本审计单位和审计机构共同约定安全的线下传送方式,审计机构一般会专设审计室来接收审计电子文件。

审计电子文件线下递交的报送方式有很大成本优势,审计机构和被审计单位都无须为报送通道构建额外的信息系统,取而代之的是保密规定和书面承诺,审计电子文件的数据安全依赖于相关经手人员的安全和守法意识。

(2) 在线提交。

在线提交一般是指审计机构构建专有的电子文件上传系统,并按权限控制方式开放给被审计单位,其形式主要有门户网站和报送程序两种。同线下递交一样,被审计单位首先要从企业信息系统输出审计电子文件,区别在于不一定要保存到安全的存储介质,输出的电子文件可以直接通过在线的方式提交,文件上传完成并校验成功之后即可删除。

以美国上市公司信息披露为例,美国证券交易委员会规定所有公司需要使用电子化数据收集、分析及检索系统(EDGAR)提交申报电子文件,公司可以前往 EDGAR 网站提交申报文件,也可以使用第三方 EDGAR 存档服务提供商的服务。

审计电子文件在线提交的报送方式相较于线下递交的报送方式有明显的效率优势,减少了电子文件传送过程中的经手人,也自然地提高了安全性,只是该安全性主要依赖于审计机构的在线提交信息系统的安全性。

(3) 系统直连。

系统直连一般是指通过专线方式在被审计单位的企业信息系统和审计机构的信息系统之间建立直接的数据通道,被审计单位的企业信息系统输出的审计电子文件可以通过该通道直接发送到审计机构的信息系统。

以基于 SAF-T 2.0 版本的挪威税务审计电子文件报送为例,提交 SAF-T 审计电子文件的主要渠道为 Altinn(挪威政府的工商业自助服务门户网站)。企业用户预先通过 Altinn 门户注册并获取供系统直连 API 密钥,即可将合规的 SAF-T 审计电子文件通过 Altinn 网关开放的 REST API 或 Web Service 上传。当审计文件过大时,经审计专员许可,可以采用文件加密的方式缓存于 PEPPOL(pan-European public prolurement on-line,泛欧网上公共采购系统)认证的数据文件存储服务提供商通过 SFTP 协议间接提交。图 4-1 为挪威 SAF-T 审计电子文件报送直连系统主要服务组件。

审计电子文件系统直连的报送方式最大限度地降低了文件传送过程中的人为干预,几乎没有经手人,数据安全级别高。高效率和高安全的代价是高成本,不仅审计机构需要

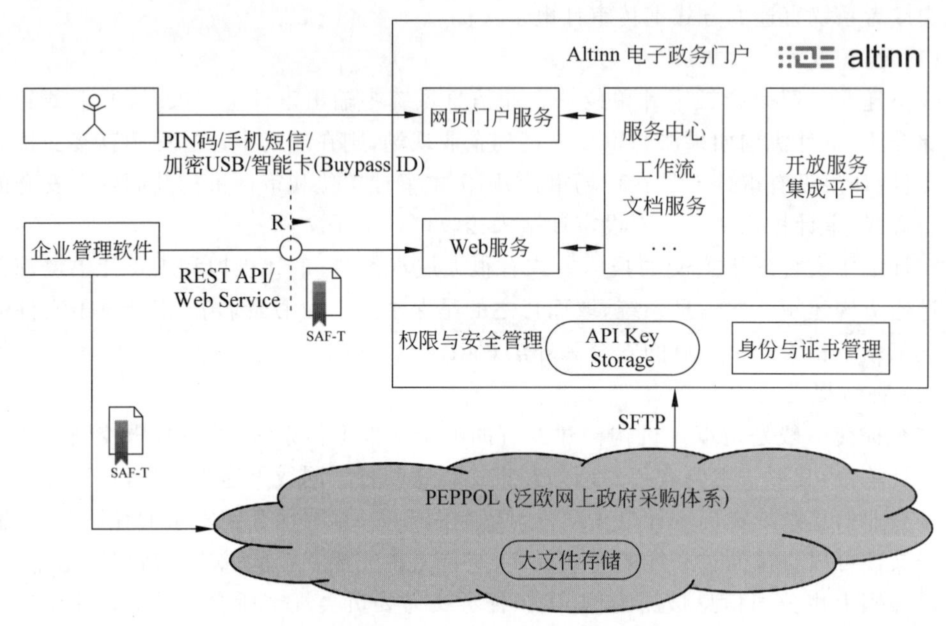

图 4-1 挪威 SAF-T 审计电子文件报送直连系统

投入大量的审计信息系统建设,被审计单位也需要构建相应的配套系统,只适合于大型企业。对于大型企业,审计电子文件通常会很大,系统直连的方式如何处理大文件是一个技术难题。

4. 小结

为加大政府对企业经营的监管,维护市场秩序,全球主要经济体都已开展对企业的经营审计工作,并制定了相应的审计电子文件标准,鉴于审计信息系统的构建难度,各国的审计电子文件的报送实践各有不同。

审计电子文件内容涵盖范围特别广泛,不仅包括企业经营相关的指标数据,也包括业务明细数据,如总账、发票、应收应付、资产、银行账目等。被审计单位的范围也特别广泛,多数国家将外资与微型企业和大型企业一样都纳入审计对象,如波兰,部分年营业额低于200 万欧元的小微企业也需要定期提交审计电子文件。审计机构要求被审计单位周期性报送审计电子文件,有些国家最频繁的周期是按月报送,为了跟踪历史审计结果,有些国家要求企业报送的审计电子文件需要保存 3 年或更长时间。

随着审计机构电子政务系统的发展和被审计企业的信息化系统的普及,审计电子文件数据格式标准化进程稳步发展,全面实现审计数据电子化正成为现实。在审计数据电子化的大趋势下,系统安全和执行效率成为广泛审计的瓶颈,电子文件保全是全面实行电子审计的安全保障前提。

4.1.2　电子文件保全技术

接下来围绕电子文件保全需求，对文件加密方案、服务器授权访问方案和数字签名方案等现有电子文件保全技术进行阐述。

1. 电子文件保全需求

电子文件保全的基本原理是对电子文件进行固化和保存，从电子文件的形式、内容和管理过程等方面对文件进行保全，以满足文件的真实性、完整性和有效性。

（1）真实性。

电子文件的真实性一是指文件在形成过程中的真实，即某份文件客观反映和真实记录了机构业务活动；二是文件在形成之后的真实，表现为文件在业务结束之后的生命周期里内容、结构和背景未被更改，仍然保持其在提交时的本来面貌，即它的原始性。2019 年修正的《中华人民共和国电子签名法》规定文件保全需要做到"能够有效地表现所载内容并可供随时调取查用；能够可靠地保证自最终形成时起，内容保持完整、未被更改"，具体而言，保障电子文件的原始性应做到电子文件的内容与生成时一致、电子文件的作者身份准确和电子文件的时间标志与生成时间一致。

（2）完整性。

根据中华人民共和国国家标准《电子文件归档与电子档案管理规范》GB/T 18894-2016 的定义，电子文件的完整性是指"电子文件的内容、结构和背景信息齐全且没有破坏、变异或丢失"；同时，作为记录机构活动真实面貌的、具有有机联系的多份电子文件及其他形式的相关文件数量齐全，文件之间的有机联系能够得以揭示和维护。

（3）有效性。

电子文件的有效性是指文件经过存储、传输、压缩、加密、媒体转换、迁移等处理后仍旧能够是可识别的、可理解的以及可被利用的。

除了保全内容信息，还应做到保全主体信息和保全行为信息两要素。保全主体信息要做到电子文件的生成者、收发者等相关经手人的身份信息是可追溯的。保全行为信息则是要记录下对电子文件的操作痕迹。

电子文件保全可以分为预先保全和实时保全两种理念。预先保全是在文件形成阶段就对文件进行固化留存，这样就可以做到电子文件在原始状态就被完整保留。但是由于电子文件在保存、传输过程中，有着很高的被篡改或删除的风险，仅仅在文件生成时进行保全，很难保证保存传输后的电子文件的真实性和完整性。因此，还需引入实时保全，即对电子文件的每个阶段进行实时保全，来确保电子文件生成后整个生命周期的真实和完整。将预先保全和实时保全两种理念结合起来，才能全面保全文件从生成起到生命周期的每个状态的真实与完整。

基于以上理念，现阶段文件保全方案主要包括文件加密方案、服务器授权访问方案和数字签名方案等。

2. 文件加密方案

(1) 方案介绍。

运用密钥或加密函数将需要保全的电子文件转换为加密文件，再运用解密算法或解密密钥将加密后的文件还原成原电子文件。

(2) 核心技术。

文件加密分为加密和解密两个部分。加密是指用某种特殊的算法改变原有电子文件的信息数据，使其成为一段不可读的代码。加密后的电子文件能够通过解密，即将加密的文件内容通过解密算法将其转化为其原来的文件内容。通过这种途径达到防止电子文件被非授权用户读取的目的。

(3) 参考架构。

文件加密方案首先将输入的密码转换成密钥，通过密钥和加密算法将原文件转换为加密文件。另外，在加密过程中同时生成文件循环冗余校验(cyclic redundancy check，CRC)用来检测原文件是否被破坏或者修改。解密过程是加密过程的逆过程，将密码转换成密钥，通过密钥和解密算法将加密文件进行解密得到原始文件。在解密过程中，可通过CRC来确定文件是否被修改或破坏。文件加密方案的参考架构如图4-2所示。

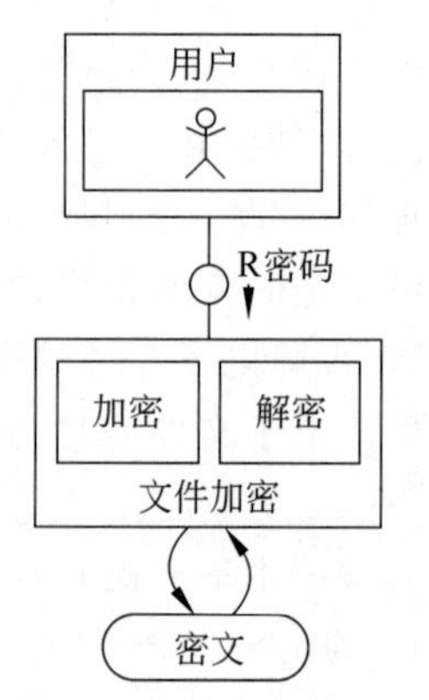

图4-2 加密方案参考架构

3. 服务器授权访问方案

(1) 方案介绍。

将要保全的电子文件存放在文件服务器上，系统对用户及资源进行统一管理，并对用户和资源分配不同的访问策略，限制访问主体对客体的访问，从而保障数据资源在合法范围内得以有效使用和管理。保证合法用户访问受权保护的网络资源，防止非法的主体进入受保护的网络资源，或防止合法用户对受保护的网络资源进行非授权的访问。

(2) 核心技术。

服务器授权访问方案是指在进行文件访问之前，需要对主体身份的合法性进行验证，然后利用控制策略限制对访问主体进行授权，是一种基于用户身份及其所属的、预先定义的策略组来限制其使用数据资源的手段。

服务器授权访问方案主要包括用户管理、用户认证,文件访问控制三大功能模块。

① 用户管理,包括用户信息、用户组设置、角色设定、模块资源授权和具体动作权限分配等。

② 用户认证,常用的认证技术包括单点登录(single sign-on)、Kerberos、SESAME(secure european system for applications in a multi-vendor environment)和安全域 security domain 等。

③ 文件访问控制,目前常用的 5 种访问控制方法:自主式访问控制(discretionary access control, DAC)、强制访问控制(mandatory access control, MAC)、基于角色的访问控制(role based access control, RBAC)、基于内容的访问控制(content based access control, CBAC)和固定界面访问控制(constrained interface access control, CIAC)。

(3) 参考架构。

服务器授权访问方案,首先要对用户进行管理并对用户分配相应的权限。同时针对不同的受保护文件类型创建相应的文件访问权限。当用户需要访问服务器上的文件时,用户首先需要通过用户认证,以确认用户的身份是否合法。用户进行身份认证之后,再通过访问控制列表授予用户相应的访问权限,从而达到拒绝未授权的用户和组的访问及提供授权用户和组的访问的目的。服务器授权访问方案参考架构如图 4-3 所示。

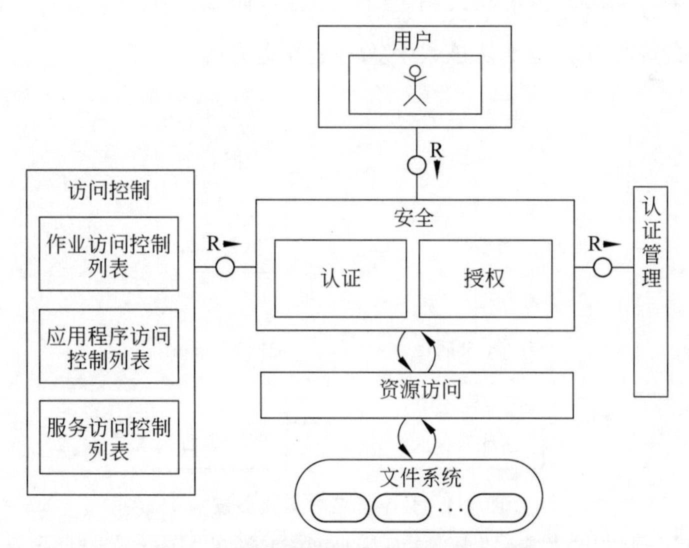

图 4-3　服务器授权访问方案参考架构

4. 数字签名方案

(1) 方案介绍。

数字签名方案主要围绕各国颁布的电子签名相关法律法规进行数据保全认证，其中涉及CA(certificate authority)服务商、数据保全中心、时间戳服务商、司法中心、公正中心等，从而形成完整且合法的证据链条。

各国的法律法规对电子签名都给出了相应的定义，例如根据我国的《中华人民共和国电子签名法》，电子签名是指"数据电文中以电子形式所含、所附用于识别签名人身份并表明签名人认可其中内容的数据"，又如欧盟的《电子签名共同框架指令》将电子签名定义为"以电子形式所附或在逻辑上与其他电子数据相关的数据，作为一种判别的方法"。一个可靠的电子签名应该能锁定签约主体真实身份、有效防止文件篡改和精确记录签约时间。实现电子签名的技术手段有很多，数字签名是目前应用最广泛、技术最成熟也最被认可的一种电子签名方法。

(2) 核心技术。

数字签名主要基于公钥密码技术实现，如图4-4所示。其主要工作原理是发送数据电文时，发送方用一个摘要算法从数据电文文本中生成数据电文摘要，然后用自己的私钥对这个摘要进行加密，这个加密后的摘要将作为数据电文的数字签名和数据电文一起发送给接收方，接收方首先用与发送方一样的摘要算法从接收到的原始数据电文中计算出数据电文摘要，接着再用发送方的公钥来对数据电文附加的数字签名进行解密，如果这两个摘要相同，那么接收方就能确认该数字签名是发送方的。

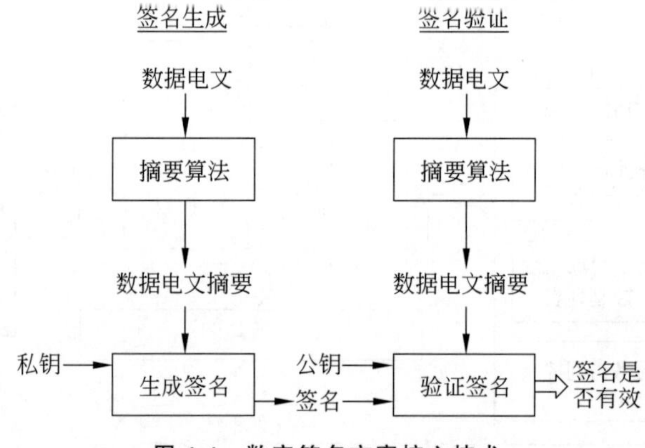

图4-4 数字签名方案核心技术

图片来源：FIPS PUB 186-4，Digital Signature Standard(DSS)，美国国家标准技术局(NIST)在1991年提出的作为美国联邦信息处理标准(FIPS)的数字签名标准

数字证书是每个参与方的身份的代表，每次交易时，都要通过数字证书对各方的身份进行验证。数字证书是由权威公正的第三方机构证书授权(certificate authority ,CA)中心签发的。CA是公开密钥基础设施体系的核心，它为客户的公开密钥签发公钥证书、发放证书和管理证书，并且提供一系列密钥生命周期内的管理服务。

除了要考虑数据的保密性、完整性、不可否认性及不可伪造性，还需要对电子数据的日期和时间信息采取安全措施，而数字时间戳服务 (digital time-stamp service，DTS)就能提供电子信息在时间上的安全保护。可信时间戳是由联合信任时间戳服务中心(time stamp authority，TSA)颁发的具有法律效力的电子凭证。

(3) 参考架构。

为了更广泛地满足需求，现有的电子签名产品通常会提供典型的电子签名、数字签名和两者结合使用三种方式。同时提供签名人身份认证，文件验证和审计追踪等功能。数字签名方案参考架构如图4-5所示。

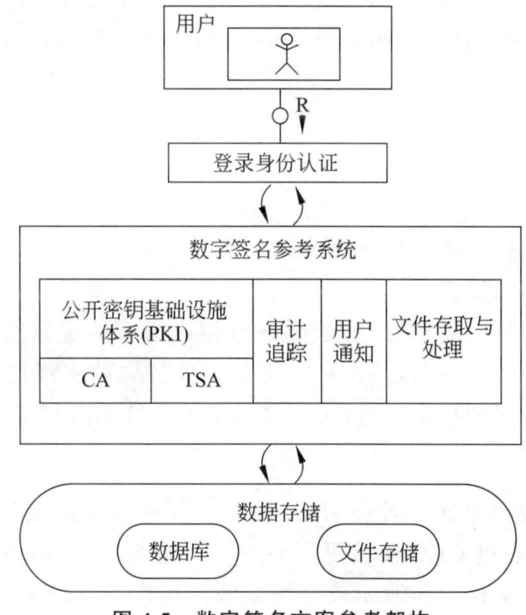

图4-5　数字签名方案参考架构

对于典型的电子签名，产品会提供如邮件、密码、手机验证码和KBA(knowledge-based authentication)等登录身份认证方式，并通过防篡改密封的方式来确保文件的完整性。数字签名流程则在此基础上需要满足更为严格的法律法规要求，要求能很好地支持与认证授权中心CA的集成。为保证文件的完整性和保密性，产品会采用公开密钥基础设施(public key infrastructure, PKI)体系来验证最终的文件,确保文件自签署以来的文件没有更改。PKI 所需的密钥的证书由可信任的证书授权中心(CA)和时间戳服务(TSA)签发。PKI 密钥通常存放在硬件安全模块(hardware security module, HSM)中以防止线上的恶意攻击。当签名过程中需要用户执行操作时,用户通知模块会通过邮件或者其他方式来通知相应的用户。审计追踪则是用来记录签名中的关键步骤,包括文件打开、修改、签署的时间、访问者的 IP 地址或者地理信息等。

(4) 法律法规。

电子签名基本在所有工业化国家都受到了法律约束,一些发展中国家也开始起草相应的电子签名法。1996 年,联合国国际贸易法委员会颁发了《电子商务示范法》,2001 年,该机构又推出了《电子签名示范法》,《电子签名示范法》是国际上关于电子签名的最重要的立法文件之一;1998 年,新加坡通过了《电子商务法》,对电子签名的相关问题做了相应规定;2000 年,美国通过了《全球及全国商务电子签名法案》(ESIGN Act),标志着以美国为首的西方国家在电子签名法律领域的相对完备;2001 年,德国通过议案,德国成为第一个使电子签名合法化的欧洲国家;2016 年,在欧盟,电子身份识别和信托服务(eIDAS)准则生效;《中华人民共和国电子签名法》则是我国第一部电子商务法律,于 2004 年通过,2005 年开始实施。

总体来说,现在电子签名法可以分为两大类。一类是允许电子签名具有广泛的可执行性,法律限制极少,并赋予电子签名与手写签名相同的法律地位,如美国、加拿大、新西兰和澳大利亚等国家。另一类区域或国家则对有身份认证的签名赋予更大的证据权重,如欧盟、中国、印度和韩国等。

在制定规范性电子签名流程时,必须要符合相应国家的法律法规。例如,在美国,法律允许使用广义定义的电子签名,并没有规定某一项特殊的实现技术;在欧盟,eIDAS 准则中则区分了电子签名实现技术,并且对一些特定的文件类型要求必须使用数字签名。

5. 小结

文件加密方案通过将原文件转换为密文的方式,可以防止没有获得密码的访问主体查看文件的内容,同时通过 CRC 校验可以检测文件是否被修改,该技术对未获得密码的非授权主体可以有效地防止内容泄露或非法篡改。但由于密码强度不够,被暴力破解的可能性较大,一旦密码泄露或被破解则会导致非法用户更改文件内容,该方案不能有效控制对文件内容的非法访问,也无法保证文件传输过程中合法主体的恶意篡改。

服务授权方案通过权限控制的方式,可以防止非授权主体对文件的访问和修改,从而达到保证文件原始性和完整性。但对于有相应权限的访问主体,可以对文件进行相应权限的访问和修改,需要有额外的安全机制来控制合法主体的恶意篡改。同时,该方案一般为集中式服务器方式,其可靠性很大程度依赖于服务器本身的安全性,在电子文件传输和存储的各个环节都有可能被黑客攻击。

数字签名方案基于公开密钥基础设施体系，并与 CA 中心、时间戳服务集成，利用数字签名，能够有效地鉴定签名人的身份，并且体现了签名者对该项电子数据内容的认可，同时它还能验证原文件在传输或者保存中是否有变动，从而达到验证电子文件的完整性、真实性和不可抵赖性的目的。但是数字签名技术本身并没有办法保证文件不被篡改，篡改后的文件可以重新签名，并且该技术仍然存在一定隐患，无法彻底保证私钥的安全性。从实施成本的角度来看，电子签名方案需要有可信的 CA 中心、软件或硬件数字签名基础设施等，整体实施成本很高。

当前不同国家分别采纳了不同的文件保全措施来保障审计电子文件报送的安全性，其中文件加密和服务器授权访问的保全方案较为常见，数字签名的保全方案由于实施难度和成本问题尚未被采纳。为了满足审计电子文件报送的安全需求，需要有更安全、更便捷、更低成本的方式来确保审计电子文件的保全方案，区块链技术为审计电子文件保全提供了一种新的实施路径。

4.1.3　探索区块链审计电子文件保全

本节将从设计原则及目标、参考解决方案的角度来阐述区块链审计电子文件保全。

1. 设计原则及目标

区块链自 2009 年诞生至今，伴随着越来越多的社会关注和其自身发展与完善，已经成为全球主要经济体乃至国家未来发展战略层面的热点，更被认为是继万维网之后能为互联网发展带来第三次巨变的技术。区块链作为未来真正可信的互联网的基石，以其去中心化、不可篡改、可追溯等特点为信息安全带来了新的可能性。

目前主流的审计文件报送过程通常是由企业生成电子审计文件之后，通过在线传输或者线下硬盘复制的方式发送给审计机构，这种方式存在的风险如图 4-6 所示。

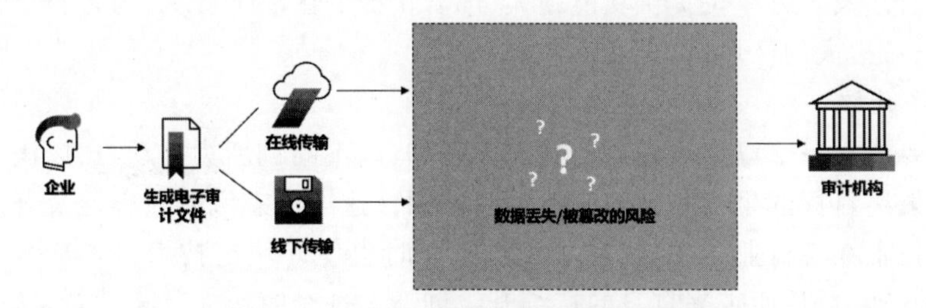

图 4-6　传统审计文件报送过程存在风险

(1) 完整性缺失。

对于大的电子审计文件，通过在线传输的方式可能因为网络或者其他不可控的因素造成数据丢失,从而导致数据文件不完整的状况出现。

(2) 真实性受损。

审计文件在通过线下传输的过程中存在被人为篡改文件内容的风险,从而影响审计文件的真实性。

(3) 高成本。

审计文件在传输过程中可能出现的问题一方面难以第一时间被察觉,另一方面由于企业与审计机构之间信息的不对等使得审计人员对文件内容进行确认以及校验需要耗费大量的人力与时间成本。

基于区块链技术实现审计文件保全,需要充分考虑审计电子文件的特殊性,满足各国立法和国际标准的需求,方案的设计原则及目标如下。

(1) 安全可信。

当前,区块链技术发展进入全民关注的井喷阶段,特别是在共识算法、加密认证、安全存储方面,各种区块链创新成果层出不穷。当这类技术成果落地于各行业的审计场景时能为全行业审计、云审计以及大数据审计为目标的新一代审计提供安全可信的技术基础支撑。

(2) 便捷高效。

审计机构在审计过程中可能需要面对成百上千家企业上传的审计文件,如果对所有企业上报的审计文件完整性进行校验的工作量十分庞大。区块链审计文件保全方案可以提供一种便捷高效的审计文件完整性校验方案,帮助审计机构提高审计效率,提前发现潜在风险,进一步助推新一代审计技术的发展。

(3) 成本适中。

考虑到企业审计的普遍性,不能为企业带来过多的额外支出,也不能额外增加国家审计系统的负担。基于区块链分布式存储的特点,区块链审计电子文件保全方案能为审计链条上下游所涉及各方单位提供功能强大、部署快捷的区块链服务,为各类审计相关用户提供可扩展、易集成的区块链应用。

(4) 合作开放。

未来需要建立一个以高效先进的技术为基础、以不断创新为推动力、以满足全社会利益最大化为最终目标的生机勃勃的区块链生态圈。这一生态圈的兼容性及开放性不仅能保证区块链技术在各行业各领域的快速落地,同时也使区块链技术得以从实际业务场景中获得灵感及动力,从而带来自身的持续升级创新。这个时候尤其要注意,越来越多的区块链生态软件以及越来越复杂的区块链场景会对文件保全方案提出更高的开放性要求。为了加强审计标准化在国际上的推广,这种开放性需求考虑跨国跨地区应用。

2. 参考解决方案

在“安全可信、便捷高效、成本适中以及合作开放”设计原则指导下，SAP 提出了一种基于区块链的审计电子文件保全参考体系。该体系主要分为 3 个层次，分别是审计联盟链的构建、企业参与机制以及审计电子文件的保全与报送。参考体系将基于以上 3 个层次来探讨在区块链技术背景下推动审计电子文件保全以及报送流程的进一步发展。

(1) 审计联盟链的构建。

一个区块链网络必然包含两个或两个以上的组织实体参与，如果要实现区块链下的审计电子文件保全，那么其前提条件就是在企业与审计机构之间构建一个区块链网络。因为企业数据的敏感性及特殊性，联盟链并不会对所有参与者开放，因此联盟链区块链网络应该包含如下内容。

① 分布式账本。用于保存区块链网络中的交易数据(在该方案中体现的就是企业在区块链中存储的审计文件哈希值以及其他相关信息，如公司代码、会计期间等)。

② 智能合约。用于处理区块链上有关的业务逻辑，如审计文件校验与验收等。

③ 节点。区块链网络中交易的发起者以及账本的拥有者。

④ 成员管理服务。联盟链网络不向所有人公开，所以在网络中需要对加入区块链网络的成员进行管理。企业需要提供企业数字证书证实身份，并由审计机构授予相应的网络接入权限。

在实际的业务情景中，企业很有可能会委托第三方的审计公司帮助其审核及制作审计报告，因此区块链网络中的常见参与者包括被审计实体、第三方审计机构和国家审计机构。

在区块链网络中所有节点都保存有完整的账本信息，对于企业而言，如果参与到区块链网络中意味着自身相关的交易数据也会被其他参与的企业节点所获取，这对企业信息的安全和隐私造成了极大的隐患。因此在区块链网络中，可以引入子链的方式来对账本信息进行隔离，账本只存在于相应的子链当中，只有有权限加入子链的企业节点才能查看到相应的数据。当企业参与到该区块链网络中时，只会与审计机构以及其授权的第三方审计机构节点构成子链，从而可以保证企业信息不被外部没有授权的节点获取，如图 4-7 所示。

国家审计机构节点可以与不同企业之间构建子链，因此它可以查看所有企业提交的交易信息(审计文件哈希值)，从而对全网的企业电子审计报送文件进行交易和监测。除此之外，审计机构还可以通过证书服务在区块链网络中实现如下管理。

① 节点管理：区块链网络中参与节点的管理，包括准入以及移除。

② 权限管理：确定各节点的权限。

(2) 参与机制。

近年来，虽然区块链的技术发展越来越成熟，但是目前真正成熟的区块链应用屈指可

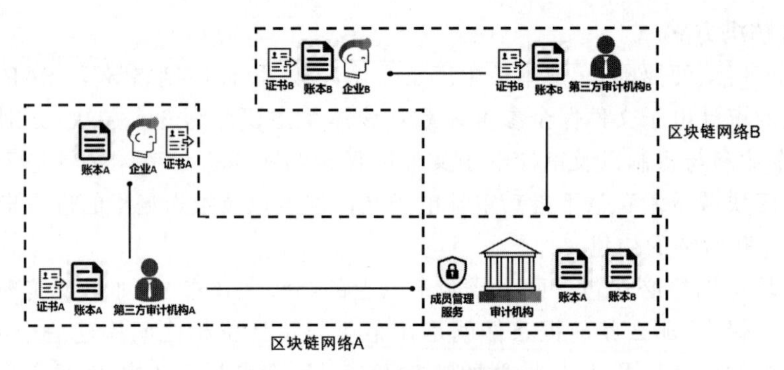

图 4-7 区块链网络示意图

数，大多数的区块链应用还处于验证阶段。其中一个很重要的因素就是区块链相关应用落地需要多方的参与和背书，如何让各方参与到区块链网络中是区块链应用落地必须解决的一道难题。

由于国家对企业的审计本身具有强制性，因此对于鼓励企业加入到审计联盟链中，我们可以参考以下三种方案。

① 政府鼓励及补助。

企业加入到审计联盟链中需要额外的成本，如节点服务器搭建以及设备维护等，这在一定程度上降低了企业参与的热情。政府可以通过资金补助或者奖励政策鼓励企业加入审计联盟链，帮助企业减轻相关的费用负担。

② 试点企业推广。

国家审计机构可以通过在小范围的试点企业组建审计联盟链推行审计电子文件保全方案。之后根据试点企业的反馈结果再逐步推广到更多的企业中。

③ 国家标准结合。

企业在出具审计报告的时候都会遵照国家标准的审计数据接口，如中国的 GB/T 24589。我们可以通过将审计联盟链中的相关属性写入相应的国家标准中，如企业在联盟链中的节点地址，从而使得企业出具的审计报告都基于审计联盟链。

(3) 保全与报送。

在审计联盟链中审计电子文件的保全和报送与传统的审计电子文件报送过程有一定的差异，基于区块链的审计电子文件保全和报送流程如图 4-8 所示。

当企业收到审计机构发出的审计文件报送通知时，企业可以从信息系统或者是委托第三方审计机构生成电子审计文件。由于企业以及第三方审计机构都作为节点加入了区块链网络，在审计文件制作完成后会在第一时间将文件内容转换成哈希值并随同一系列文件相关的元数据信息上传到区块链中。企业通过线上或线下发送审计文件到政府审计

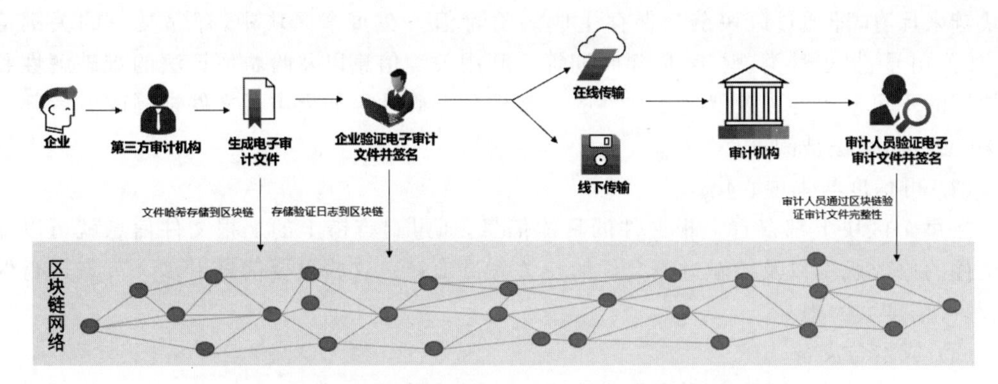

图 4-8 基于区块链的审计电子文件保全和报送流程

机构之前对审计文件进行验证,确保文件信息无误并打上自己的签名。审计机构收到企业发来的文件后可将其转换成哈希值,再与区块链网络中的哈希值进行比对,如果文件确认无误,审计机构打上自己的签名并发送相应回执给企业作为审计文件被接受的证明。如果文件哈希值不匹配,则表明审计文件存在数据丢失或者数据被篡改的嫌疑,此时审计机构可以告知企业进行检查并重新发送审计文件给审计机构。该方案可以有效地帮助审计机构和企业防范审计文件在传输过程中存在种种风险,提高审计机构对审计文件完整性校验的效率同时降低相应的人力和时间成本。

3. 小结

通过 4.1.2 节对于现有保全方案的介绍,再结合本节区块链方案介绍,几种方案的对比如表 4-4 所示。

表 4-4 各文件保全方案对比图

关键点 \ 方案名称		文件加密方案	授权方案	数字签名方案	区块链方案
安全可信	防泄露	一般	强	强	强
	防篡改	一般	一般	强	强
	可信度	一般	一般	强	强
成本风控	成本	低	一般	高	一般
	灾备	无	一般	一般	强

(1) 防泄露和防篡改。

相较于现有保全方案,区块链方案在使用现有文件加密和授权上,又把整个过程通过区块链来保存,即通过区块链来保存生成的哈希值。在每个区块中,存储文件的关键信息,如公司号、报表种类、财年、创建时期等。利用关键信息以及哈希值算法的难破解性和区块链的不可篡改性来确保上报文件的完整性和准确性。如果申报文件被篡改或者部分丢失,文件将无法被阅读。

(2) 可信度与去中心化。

在每个区块上都存有上报文件的具体信息,通过追查链上的上报文件信息就可以知道文件的修改版本以及接触过该文件的相关人员信息。这些重要信息由多个节点进行保存,其可信度大大提高。

(3) 成本与灾备。

区块链虽然在成本上与现有保全方案相比不是最优,但其去中心化特点,即使面对个别节点停止工作,整个区块链网络仍然能够正常运行。因此,相对于中心化的数据存储方式,区块链的文件保全可以有效抵抗外界风险。

区块链网络运行成本主要体现在如下 3 方面。

① 基础设施成本:区块链节点部署的硬件成本。

② 软件开发成本:区块链平台、API、应用集成的开发成本。

③ 运行管理成本:联盟链日常运行管理的人力成本。

考虑到成本适中的设计原则,区块链审计文件保全方案与数字签名方案相比有较大的成本优势,如在电子发票领域,欧盟推荐的 ebXML、e-Invoice 标准的实施成本会涵盖更大的基础设施成本、软件开发成本、运行管理成本,以及高额的系统运维成本和数字签名技术的知识产权授权成本。

4.1.4 展望区块链与审计规范

对于区块链与审计规范的结合有如下两点展望。

1. 区块链审计电子文件保全会成为规范

基于区块链技术的审计电子文件保全方案具有明显的优势,去中心化的网络在保障信息安全的同时还保证了公允性,审计机构和被审计单位在信息可信的层面上建立了对等的关系。审计联盟链构建的对等网络可以简化审计电子文件的报送流程,并可实现数据的安全保存和可追溯。将所有对应于审计电子文件的验证和签名操作都以日志的形式存放到区块链上,一方面可以方便审计机构对全网参与的企业提交的审计报告进行检测,另一方面在出现任何纠纷时也可以以此作为依据来保证整个过程的透明和公正性。

在审计电子化的大趋势下,审计电子化依赖的标准规范也会进一步完善,报送流程和数据保全将会列入相关的标准规范中。数据安全在审计中的重要性越来越突出,审计机构、被审计单位、社会审计单位各自对审计电子文件的安全性需求不同,采取的保障措施不同，缺少制度规范，在审计标准中添加对文件保全的规范是必要的，从法律法规层面对文件保全提出要求，规范审计过程中文件保全的实施。在审计标准中明确定义审计电子文件相关的安全性要求，描述数据追溯机制，能够有效地提升审计工作的合规和合法性，为审计电子化的基础设施建设提供指导。

2. 区块链技术在审计领域会广泛应用

区块链技术在审计电子文件保全方面的应用可以拓展到更多场景，电子文件的范畴可以从需要定期报送的审计电子文件扩展到引用的交易文件，如企业资质相关的电子文件、企业资产相关的电子文件、企业间交易相关的电子合同等。

文件保全只是区块链在审计创新上的一个小的应用，未来可预期的区块链可以应用到更多的审计领域，所涉及的系统会从企业信息系统扩展到网络交易系统，去中心化系统与中心化系统建立连接，不同联盟链之间建立连接，联盟链与公有链建立连接，实现跨区域、跨国的取证和审计。

4.2　电子发票和税收

在了解区块链在税收场景的应用之前，我们先要阐述税的定义与分类，税收制度以及现行征税过程中存在的问题，以便我们更好地理解区块链与税收的融合。

4.2.1　税的定义与分类

2019 年起，我国新的个人所得税法以及《个人所得税专项附加扣除暂行办法》正式同步实施。为了让人们能在第一时间享受到个税减免的福利，国家税务局还发布了个人所得税的 App，极大程度上优化了办事效率，给我国税收征管模式带来了一次巨大变革。

那什么是税呢？税是指政府为了维持其运转以及为社会提供公共服务，对个人和法人强制和无偿征收实物或货币的总称。各国或地区税法不同，税收制度不同，分类不同，概念也不尽相同。

税种分类是对一国（地区）全部税种的分类，是根据每个税种构成的基本元素和特征，按照一定的标准分成若干的类别。税收分类的意义在于进行分类后，便于对不同类别的税种、税源、税收负担和管理权限等进行历史的比较研究和分析评价，找出相同的规律，以指导具体的税收征管工作。

在当代世界各国，实行由多税种组成的复合税制。可以从不同的角度，根据不同的标准，进行多种分类。

1. 按征税对象分类

征税对象不仅决定着税种的性质，而且很大程度上决定了税种的名称。因此，按征税对象进行分类是最常见的一种分类方法。按征税对象可以分为如下几类。

(1) 流转税类。

流转税是以流转额为征税对象的税种。流转额具体包括两种。一是商品流转额,它是指商品交换的金额。对销售方来说,是销售收入额;对购买方来说,是商品的采购金额。二是非商品流转额,即各种劳务收入或者服务型业务收入的金额。现行的增值税、消费税、营业税、关税都属于这类税种。

增值税是以商品(含货物、加工修理修配劳务、服务、无形资产或不动产)在流转过程中产生的增值额为计税依据而征收。简单来说,"有增值就交税,无增值不交税",这是对增值税最形象生动的概括。以手机经销为例,手机经销商从工厂购进一步手机的成本价为 800 元,之后卖给手机零售店这部手机,价格为 1000 元。手机增值了 200 元,那么这次交易环节挣的 200 元就要交增值税。手机零售店接着把这部手机卖给消费者,价格是 1500 元,那么手机增值了 500 元,这个交易环节挣的 500 元就要交增值税。经过之前两个环节,手机层层加价增值,最终是由消费者买单。

在中国,从税收收入上看,增值税贡献最多。2019 年全国税收收入 157992 亿元,增值税收入 62346 亿元,增值税占总收入的 39.5%,占比将近四成,增值税可以说是名副其实的第一大税收。从税收的征收范围上来看,增值税覆盖最广。社会交易流通的所有环节,从货物、劳务、服务等方方面面,只要发生交易,增值税都是要交的。可以这样说,几乎所有的企业和个体工商户都需要按期申报增值税,开具的发票都是增值税发票。

消费税是对一些特定消费品和消费行为征收的一种税。在我国,国务院于 1993 年 12 月 13 日颁布了《中华人民共和国消费税暂行条例》,财政部于 1993 年 12 月 25 日颁布了《中华人民共和国消费税暂行条例实施细则》,并于 1994 年 1 月 1 日开征消费税。消费税的征收范围包括了 5 种类型的产品:第一类是一些过度消费会对人类健康、社会秩序、生态环境等方面造成危害的特殊消费品,如烟、酒、鞭炮、烟火等;第二类是奢侈品、非生活必需品,如贵重首饰、化妆品等;第三类是高能耗及高档消费品,如小轿车、摩托车等;第四类是不可再生和替代的石油类消费品,如汽油、柴油等;第五类是具有一定财政意义的产品,如汽车轮胎、护肤护发品等。

关税是世界各国普遍征收的一个税种,是指一国海关对进出境的货物或者物品征收的一种税。1985 年 3 月 7 日,国务院发布《中华人民共和国进出口关税条例》。1987 年 1 月 22 日,第六届全国人民代表大会常务委员会第十九次会议通过《中华人民共和国海关法》,其中第五章为"关税"。关税的征收基础是关税完税价格。关税是各国对外贸易政策的重要措施,能调节、引导本国产业。进口货物以海关审定的成交价值为基础的到岸价格为关税完税价格;出口货物以该货物销售与境外的离岸价格减去出口税后,经过海关审查确定的价格为完税价格。

(2) 所得税类。

所得税是以纳税人的各种应纳税所得额为征税对象的税种。对纳税人的应纳税所得额征税,便于调节国家和纳税人的利益分配关系,能使国家、企业、个人三者的利益分配关系很好地结合起来。我国现行的企业所得税、外商投资企业和外国企业所得税、个人所得税属于这一类。

企业所得税是指境内的企业(居民企业及非居民企业)和其他取得收入的组织应交纳的所得税,包括销售货物所得、提供劳务所得、转让财产所得、股息红利所得、利息所得、租金所得、特许权使用费所得、接受捐赠所得和其他所得。对于国家需要重点扶持的高新技术企业,国家会降低税率征收企业所得税。

个人所得税是调整征税机关与自然人(居民、非居民人)之间在个人所得税的征纳与管理过程中所发生的社会关系的法律规范的总称。英国是最早开征个人所得税的国家,1799年英国开始试行差别税率征收个人所得税。如我们每个月的工资薪酬,或者发表文章所得的稿酬等就会有一部分要缴纳个人所得税。

(3) 财产税。

财产税是以纳税人拥有的财产数量或财产价值为征税对象的税种。对财产的征税,更多地考虑到纳税人的负担能力,有利于公平税负和缓解财富分配不均的现象,有利于发展生产,限制消费和合理利用资源。财产税的课税对象一般可分为不动产(如土地和土地上的改良物)以及动产两大类。动产又包括有形资产和无形资产,前者如耐用消费品、家具、车辆等,后者如股票、债券、借据、现金和银行存款等。当今世界各国对财产征收的税主要有房产税、土地税、土价税、土地增值税、固定资产税、流动资产税、遗产税和赠与税等。

(4) 资源税。

资源税是以自然资源和某些社会资源为征税对象的税种,从而调节资源级差收入并体现国有资源有偿使用。所有开采者开采的所有应税资源都应缴纳资源税,并且开采中的、优等资源的纳税人还要相应多缴纳一部分资源税,如原油、天然气、煤炭、有色金属矿原矿、盐等。

(5) 行为税。

行为税也称特定行为目的的税类,它是国家为了实现某种特定的目的,以纳税人的某些特定行为为征税对象的税。征税的选择性较为明显,税种较多,并有着较强的时效性,有的还具有因时因地制宜的特点。如现行的城市维护建设税、证券交易税、印花税、契税等。以证券交易税为例,全球120多个国家和地区中,只有不到20个国家(地区)在收取证券交易税,目前大多数国家均为单向征收,而如澳大利亚、中国(包括中国香港)为双向收取证券交易税。

2. 按税收收入的支配权限分类

按税收收入的支配权限分类，全部税种可以分为中央税、地方税和中央地方共享税。中央税指由中央立法、收入划归中央并由中央管理的税种，如我国现行的关税、消费税等税种。地方税是指由中央统一立法或者授权立法、收入划归地方，并由地方负责管理的税种，如我国现行的房产税、车船税、土地增值税、城镇土地使用税等税种。如果某一种高税收收入支配由中央和地方按比例或按法定方式分享，便属于中央地方共享税。我国共享税由中央立法、管理，如现行的增值税、印花税、资源税等税种。

4.2.2 税收制度

税法即税收法律制度，是国家权力机关和行政机关指定的用以调整税收关系的法律规范的总称，是国家法律的重要组成部分。它是以宪法为依据，调整国家与社会成员在征纳税的权利与义务关系，维护社会经济秩序和税收秩序，保障国家利益和纳税人合法权益的一种法律规范，是国家税务机关及一切纳税单位和个人依法征税的行为规范。一般而言，税制的类型根据一国开征税种的多少和类别，分为单一税制与复合税制。单一税制是指以一种课税对象为基础设置税种所形成的税制，它表现为单一的土地税、单一的财产税、单一的消费税、单一的所得税等较为单纯的税种构成形式；复合税制则是指由多种征税对象为基础设置税种所形成的税制，它是由主次搭配、层次分明的多个税种构成的税收体系。在实践中，单一税制由于其自身缺乏弹性，难以发挥税收筹集财政收入和调节经济的作用，还从未被哪一个国家真正采用过。因此，只有在复合税制下才涉及税制结构问题，即税制体系内部税种之间的协调与配合问题，特别是税收体系中主体税种的选择及与其他税种的相互关系问题。

1. 以直接税（所得税）为主的税制结构

从历史上看，随着资本主义的日益发展，以关税为主的间接税制逐渐暴露出其与资产阶级利益之间的冲突：保护关税成了资本主义自由发展和对外扩张的阻碍；对生活必需品课税，保护了自给的小生产者，不利于资本主义完全占领国际市场；间接税的增加还会提高物价，容易引起人民的反抗，动摇资产阶级的统治，更满足不了战争对财政的巨大需求。与此同时，资本主义经济的高速发展，也带来了所得额稳定上升的丰富税源，为实行所得税创造了前提条件。因此，第一次世界大战前后，西方各国相继建立了以所得税为主体税种的税制体系。

美国税制是以所得税为主体的税制体系。联邦税以个人所得税、社会保险税、公司所得税为主，此外还有遗产税与赠与税、消费税（包括一般消费税及专项用途消费税）、暴利税、印花税等。

美国、英国、法国作为发达国家的典型代表，均建立起了完善的现代税制体系。目前，个人所得税和社会保障税是发达国家的主要税种，集合占比高达 50%左右；企业所得税在税收收入中占比不高；英国和法国增值税占比较高，美国无增值税。美国、英国、法国直接税税收比例如表 4-5 所示。

表 4-5　美国、英国、法国直接税税收比例

国　家	所得税主要税种	货劳税主要税种
美国	个人所得税 40.3% 社会保障税 24.0% 公司所得税 7.6%	销售税 7.7%
英国	个人所得税 27.4% 国民保险税 18.9% 公司所得税 8.3%	增值税 20.8%
法国	个人所得税 36.8% 社会保障税 18.9% 公司所得税 4.5%	增值税 15.2%

从税系上看，三国均以直接税为主，其中美国直接税比重最高，英法相对较低；从税类上看，三国均以所得税为主体，其中美国所得税比重最高，英国和法国相对较低。

2. 以间接税(增值税)为主的税制结构

在一些国家奉行自由放任的经济政策，税收政策主要遵循中性原则，把追求经济效率作为首要目标。一方面对国内生产、销售的消费品课征国内消费税，以代替对工商产业直接征收的工商业税，从而减轻了企业的税收负担；另一方面，为保护本国工商业，对国外制造和输运的进口工业品课以关税。这种税制结构，一般称为以关税为中心的间接税制。

例如在阿联酋这个低税国家，境内没有企业所得税和个人所得税、印花税等税种。目前，阿联酋主要有进口关税、货物税和增值税三种税收，如表 4-6 所示。

表 4-6　阿联酋间接税情况

	进口关税	货 物 税	增 值 税
英文	customs duty	excise tax	value added tax
税率	0～100%不等，一般为5%，有些商品可免征收	烟草 100%，能量饮料100%，碳酸饮料 50%	0%或 5%，有些商品和服务可免征收
缴纳方	进口商	持有大量存货的销售方	供应链每一个成员
征收部门	海关	税务局	税务局
开始施行时间	—	2017 年 10 月 1 日	2018 年 1 月 1 日

阿联酋的进口关税税率从0～100%不等，平均税率为4.61%，大部分商品的进口关税税率为5%，也有一些商品，如笔记本电脑和电子产品免除进口关税。目前阿联酋在进口商品时，只需要缴纳进口关税，此外，阿联酋海关采取海湾国家单口入境原则，即在商品进入GCC(海湾阿拉伯国家合作委员会)国家时，只需要在入境时缴纳进口关税即可。货物进入自贸区的情况下，企业无须缴纳进口关税，同样在转口贸易的情况下，已缴纳的进口关税可以得到退返。

沙特阿拉伯从2017年第三季度开始征收货物税，或者称为消费税，主要是对一些非生活必需品，如奢侈品、高档消费品等列入征收范围。货物税是销售产品的厂家所缴纳的税种。相关的企业可以在线缴纳货物税。阿联酋此次收取货物税可以理解为为了减少此类商品的消费量，希望居民有健康的生活方式。

增值税是GCC国家为了应对石油价格的下跌而提出的最新政策，阿联酋在2018年1月1日起开始征收，税率分别为0%或5%，一部分行业的商品和服务可以免于缴纳增值税。增值税实际上是供应链的终端消费者所缴纳的费用。如果一家企业处于供应链的中间环节，它可以向买方收取增值税，称为销项增值税(output VAT)，来抵消向供应商所支付的增值税，称为进项增值税(input VAT)。目前在阿联酋应税销售额满37.5万迪拉姆的企业需要强制性登记缴纳增值税，应税销售额在18.75万～37.5万迪拉姆的企业可以自行选择是否登记缴纳，应税销售额少于18.75万迪拉姆以下的企业无须登记缴纳。

3. 直接税与间接税并重的"双主体"税制结构

以所得税为主体的税制结构虽然有利于社会公平，但高所得税抑制了纳税人储蓄、投资和风险承担的积极性，抑制了经济增长。为了促进经济的增长，许多国家逐步扩大了增值税的征收范围，出现了税制结构重返间接税的趋势，形成了直接税和间接税并重的税制格局。

我国是以间接税和直接税为主体的复合税制结构。在我国财政收入中，增值税和企业所得税所占的比重最大，形成了以流转税和所得税为主体，资源税、财产税、行为税等税种为辅的复合税制体系。

在我国，总共有如下十八大税种。

(1) 货物和劳务税：包括增值税、消费税、车辆购置税和关税4个税种。

(2) 财产和行为税：包括土地增值税、房产税、城镇土地使用税、耕地占用税、契税、资源税、车船税、印花税、城市维护建设税、烟叶税、船舶吨税和环境保护税12个税种。

(3) 所有税：包括企业所得税和个人所得税2个税种。

自1994年分税制财政体制改革以来，中国税收收入随经济发展而持续增长，我国税收收入从1994年的5071亿元增加到2019年的157992亿元，税收收入占国内生产总值比重从1994年的10.5%提高到2019年的15.9%，为经济社会发展提供了坚实的财力保障。

2014—2019 年我国税收收入如图 4-9 所示。

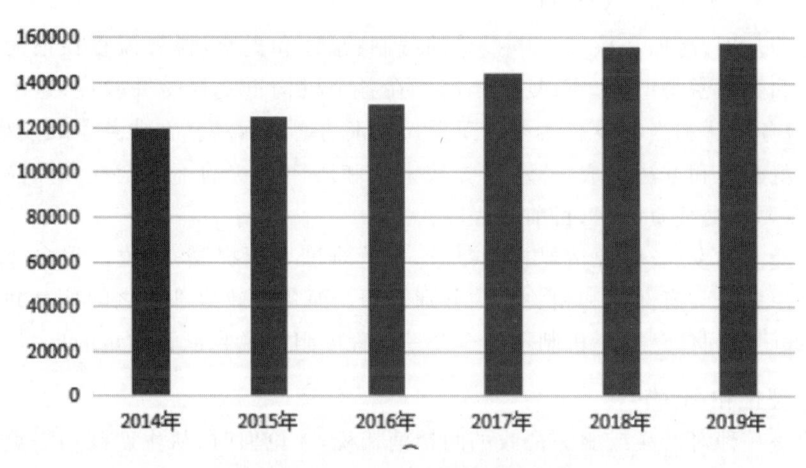

图 4-9　2014—2019 年我国税收收入

2019 年，全国税收完成 157992 亿元，同比增长 1%，增幅比上年回落 7.3 个百分点。

2019 年，增值税、企业所得税、个人所得税和消费税收入分别为 62346 亿元、37300 亿元、10388 亿元和 12562 亿元，占税收收入比重依次为 39.5%、23.6%、6.6%和 8.0%，如图 4-10 所示。

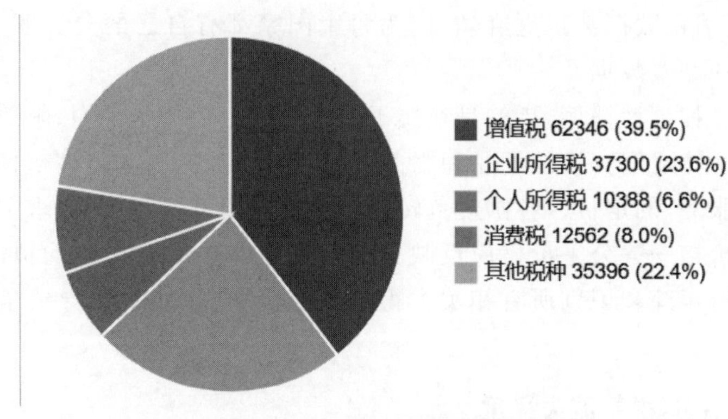

图 4-10　2019 年我国税收比例

4.2.3 各国征税过程中存在的问题

1. 流程过长,人工征税效率低

从信息的整理、清理和核实到申报单的编制、验证和提交,税务流程在很大程度上是纸张密集型和劳动密集型的。重复文档需要在各个机构重复提交并验证,这不仅增加了成本,也让税务团队和当局没有太多时间投入真正的增值活动。在业务争议发生时,很难与税务当局就解释和方法达成一致,这导致审计和法律纠纷的不确定性和风险。以退税为例,由于需要提交纸质证据,目前流程较长。

随着新经济的发展,税源情况日益复杂,征管难度大幅提高,纳税人很多金融资产涉税信息都是由多个政府部门和相关机构分别管理。而各个政府部门之间信息共享机制不畅通、不同部门之间信息共享机制不健全会一定程度阻碍税收征管质量的提高。

2. 税基侵蚀和利润转移

增值税是一种对产品或服务征收的间接消费税,无论何时,从生产到销售点的供应链中增加价值。企业必须跟踪并记录它们购买的将被转售的增值税,以便获得退税时所支付增值税的抵免。

在增值税涉及多国的情况下,该体系充满了各种各样的问题。它高度依赖企业自己来正确计算应付增值税的金额,并将其提交给税务机关。由于纳税申报单和结算是在固定期限内计算的,例如每月或每季度,因此计算不是基于实际交易,而是基于任意日期(如发票日期)。此外,该系统使政府难以跟踪增值税支付情况,导致不同类型的欺诈。在国际背景下,监管增值税数据甚至更麻烦,因为每个国家都有自己的分类账,因此很难获得关于增值税变动的完整数据。

转让定价是一种会计惯例,指的是在属于同一大型企业的子公司、附属公司或共同控制的公司或法律实体之间交换的商品和服务(包括与研究、专利和特许权使用费等知识产权相关的商品和服务)的定价。各国规范转让定价的法律各不相同,要求关联方之间的跨境交易遵守公平价格——公平价格应反映公开市场中非关联方之间的拟议或适用价格。如果交易流程进行跟踪和识别所有相关方得到公允价格十分困难,导致了税基侵蚀和利润转移问题。

3. 税收征管不力,税款流失严重

纳税人本身的偷税成本较低,且在实际工作中大多数税务机关只注重税款的查补而轻于处罚。由于税法立法技术含量低,内容设定存在不合理之处,漏洞较多,税务机关和税务人员的自由裁量权过大。例如,关于企业"三金一费"的缴纳情况。企业实际缴纳金额,完全取决于与当地税务机关和税务人员的关系。税务机关的权力过大,人为操纵的现

象十分严重

所谓“阴阳合同”，是指合同当事人就同一事项订立两份以上内容不相同的合同，一份对内，一份对外。其中对外的一份并不是双方真实意思表示，而是以逃避国家税收等为目的；对内的一份则是双方真实意思表示，可以是书面或口头。以建筑施工行业为例，建筑施工“阳合同”为建设单位、施工单位按照《中华人民共和国招标投标法》的规定，依据招投标文件签订的、在建设工程管理部门备案的建设工程施工合同。其主要特点为经过合法的招投标程序，该合同在建设工程管理部门备案，形式合法。与之相反，“阴合同”是双方为规避政府管理，私下签订的建设工程施工合同，未经过合法的招投标程序且该合同未在建设工程行政管理部门备案。与“阳合同”相对比，其主要特点为在建设工程管理部门未进行备案或变更登记。建筑施工的“阴阳合同”不但涉及招投标的合法性，也涉及建筑成本和土地增值税计算的真实性。如何避免“阴阳合同”等其他故意隐瞒收入等税收违法行为，仍是税收过程中较大的挑战。

4.2.4　探索区块链与税收监管

1. 数字化政府变革税收管理

当今时代，数字产业已成为经济发展的重要驱动力，无纸化方式在国际货物贸易和服务贸易中得到广泛应用，数字化浪潮带来的云计算、大数据与人工智能等新兴信息技术极大地促进企业商业模式重塑。繁荣经济的同时，新经济形态如跨境电子商务、数字货币等也给各国政府税务监管带来了新的问题与挑战。应对新经济的变革，不断增长的境内外纳税主体数量、复杂的涉税业务种类和支付方式以及不断涌现的税务票据案件、日益复杂的企业 IT 环境(本地、云或混合模式)，传统基于电子或物理文件的手工税收征管模式已经不合时宜，税务稽查人员手工监控税源或进行税务稽查费时费力且易于出错，企业税务管理面临转型，急需借助新技术手段打破现有税务数据孤岛、信息沟壑等技术难题。

另外，高频跨境信息交换带来数据隐私的传播风险，各国都希望在保障本国国家安全的前提下，在网络空间行使自主的管辖权，从而公平地从数字经济发展中获利，同时保护网络中数据主体个人隐私权和促进此权利的行使。2018 年 5 月 25 日正式生效的《通用数据保护条例》(欧盟 GDPR 法案)同时考虑属地和属人因素，设定了“个人数据”“数据主体”和“数据主体权利”并采取了严格的全球个人隐私保护要求，要求欧盟内企业或者即使企业本身不在欧洲境内，实际数据处理行为亦不在欧盟内进行，若其业务收集欧盟自然人的个人信息则符合该法案的要求范围。GDPR 要求范围广且处罚严厉，例如，重大违法所招致的行政罚款的上限是 2000 万欧元或该企业上一财年全球年度营业总额的 4%中的较高者。2017 年 6 月 1 日正式施行的我国首部《中华人民共和国网络安全法》规定了公民个人信息权保护的基本法律制度，保护公民个人信息安全，防止公民个人信息被窃取、泄露和非法使用,依法保障公民个人网络信息有序安全流动。

面对以上挑战,OECD 经合组织在 2018 年 3 月 16 日发布《数字化对税收的挑战》中期报告反映了包容性框架下就经济数字化及其带来的税收挑战所取得的共识,之后欧盟委员会公布了其"为欧盟数字化单一市场建立公平、有效的税制"的一系列提案。欧盟委员会提案建议,当企业在一国的收入、客户或用户数量超过相应门槛时,则视同企业在该国构成应税存在,企业需就相关期间取得的收入按总额交纳数字化服务税(digital services tax)。

虽然这些提案最后并没有得到广泛的共识来实施,近年已经有很多国家陆续计划或实施针对个税、电子发票、电子审计等国内基础领域的法律法规。如芬兰的国民收入申报(KATRE),法国的收入证明 DSN(déclaration sociale nominative),匈牙利 2018 年的电子发票法案,挪威 2019 年基于 ePEPPOL 的电子支付法案,哈萨克斯坦正在考虑针对虚拟仓库的电子发票,俄罗斯要求通过认证提供商提交数字签名度加密、电子报告与合同、提货单、病历证明等,西班牙增值税 SII(spain immediate information supply),乌克兰考虑建立增值税和消费税电子管理系统,英国 2019 年的电子增值税法案。APJ 的国家如澳大利亚收入申报系统(single touch payroll),我国的金税三期、印度的 eWay Bill and GST Reporting Simplification,泰国的 e-tax and e-invoicing。各国税务技术变革如图 4-11 所示。

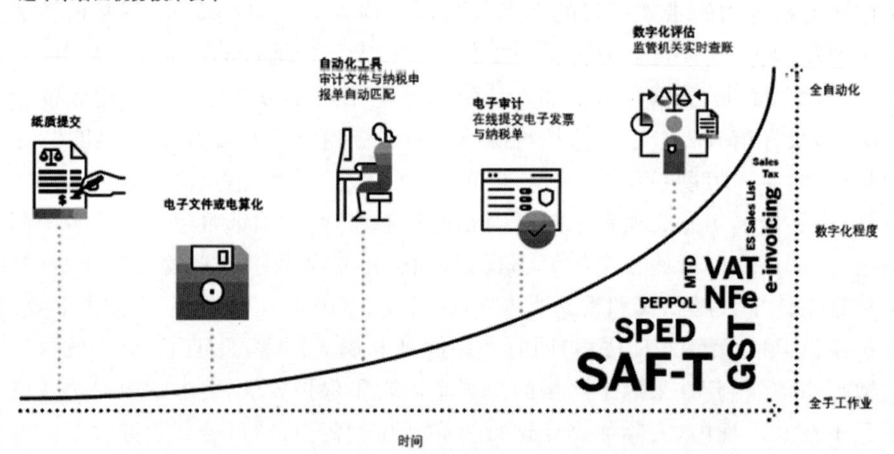

图 4-11 各国税务技术变革

观察各国政府数字税制变革实践的深入,不难发现其明显增长趋势:税务合规文件包含的信息内容越来越广泛,从只需要提交期末汇总值扩展到具体的税务行项目,最新的法规甚至要求出具全部相关企业交易账本；提交的频率越来越快，从按季度或月申报，发展到贴近于实时的业务发生时刻。例如，在欧盟范围内广泛实施的 SAF-T 要求提交财务总账与日记账，应付账款（包括供应商主数据、支付分类账和供应商发票），应收账款（包括客户主数据、支付分类账和客户发票），固定资产分类账（包括主数据固定资产、折旧和摊销），库存分类账（包括产品主数据、移库明细）。巴西的电子发票系统（nota fiscal eletronica，NF-e）除了强制性的电子发票和财务报告，还要求出具会计，供应链管理，采购和人力资源等信息。西班牙发票报告制度 SII 要求近乎实时的申报，该系统于 2017 年 7 月 1 日首次引入，要求所有大型企业（年营业额超过 600 万欧元）已注册增值税的企业可在开具发票后的 4 天内对发票进行电子报告。

数字化政府变革不仅发生在发达国家，发展中国家和许多其他新兴市场，例如拉丁美洲政府监管企业（特别是跨国公司）的方式也发生了重大转变。与严重依赖所得税的美国和大多数欧洲国家不同，拉美政府的大部分收入来自增值税（消费税）。由于增值税征收占这些国家税收收入的近 60%，欺诈和逃税成本高达数万亿美元，现在拉丁美洲的许多国家正在积极主动地解决这一问题。譬如通过强制性的电子发票和财务报告来实现税收征收流程的自动化。通过要求所有企业对企业交易的标准化 XML 电子发票，政府可以了解所有供应商的增值税义务；通过自动将这些 XML 发票与财务和会计报告相匹配，政府确保它们收到准确的税额。政府不再需要依靠公司准确报告税收减免；它们现在可以自动验证税收计算。大多数拉美国家开始考虑或实施电子发票系统，如阿根廷的电子预扣税系统（SIRE）、巴西的 Nota Fiscal for B2G e-invoicing、加拿大考虑基于 ISO 20022 的支付清算系统、墨西哥的电算会计、电子支付等。

针对于各国对电子合规化，主要是对电子发票的要求，当然还包括其他电子文件，如付款凭证、分类账和送货单等，统一称为 eDocument。跨国企业的 IT 部门需要考虑分布在全球各地分支机构的不同国家与地区政府监管要求，通过整体、安全和集成的软件服务与架构帮助企业安全地、以合适成本完成合规性要求。

从政府监管机构的角度来看，“理想”的税务管理系统应考虑链接涉税主体的上下游交易、打破企业内部的信息孤岛，增加税收透明度。通过构建智能税务平台，让业务数据、财务数据、税收相关信息高效实时完成信息交换与相互验证；在全面的数据基础上为税务监管机构提供实时、多维度的税务管理报告与分析决策。

对于跨国公司而言，企业涉税场景都有严格的时限要求，不及时或不准确的信息意味着罚款或者利润损失。以图 4-12 所描述的税务管理数字化转型来看，面对不断变化的税收制度变革以及比以往更加严格的税法，现在若处于更大的违规风险，就可能需要承担经济或法律责任。跨国货物贸易和服务贸易则意味着频繁、大量、异构、多语种业务文档或信息如合同、发票、收付款凭证、提货单、清关报关单、运单、收货确认等，这些业务信息必须能够高效地在不同国家企业间合理有序流通。技术交换和共享数据根据各国企业信息系统成熟度的不同，满足多种报文交换格式：从早期的EDI、EBXML、RosettaNet等B2B技术，SWIFT等行业协议，到最新的WEBSERVICE、REST、API等。各国税制差异的存在，使跨国公司得以采取各种国际避税方式规避税收，以谋取全球利益最大化。跨国公司的种种国际避税行为现已日趋受到各国税务管理当局重视，纷纷采取各种措施加以遏制与管理，如滥用转让定价、资本弱化、利用避税地和滥用税收协定等。从数据管理角度来看，所有涉税数据应该真实有效、合理保存。在面临税务稽查或审计时，能提交审计目标期间的各种涉税文件。企业的税务总监需要准确、及时地了解与申报涉税信息，提前准备税务稽查或审计，以避免罚款和收入损失；迫切需要通过运用创新技术，达到最终目标——合规，降低成本，提高效率。

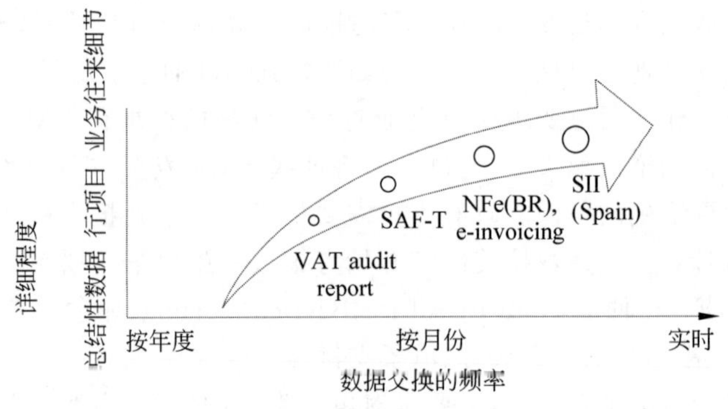

图4-12 税务管理数字化转型

针对全球企业日益增长的涉税合规的需求，SAP创造性地提出了Global Tax Management方案。通过融合交易数据与实时统计数据分析，该方案提供如下4项主要创新。

(1) 凭证合规：遵守许多当地法规，按需实时报送法定凭证，如电子发票。

(2) 高级合规报表框架与法定报表：统计的界面管理多个国家的周期性法定报表生成与政府网关直连报送。

(3) 计税云服务：通过预定义或于第三方服务集成，实现税价自动计算。

(4) 自动合规工具：自动识别不正确的税收数据并管理更正。

与此同时，SAP不断探索通过新技术，如区块链，来改进和完善现有的企业涉税信息流。区块链技术能够中断和重组会计流程，并使资产的支付、转移和记录过程自动化，改变了纳税流程中申报、纳税和信息存储的方式，也改变了纳税人和税务机关之间的关系。

作为一项新兴的技术，区块链不论是在国内还是海外，各级政府都在非常积极地拥抱这项"革命"技术。2016年，英国政府首席科学顾问在其报告《分布式账本技术：超越区块链》中指出，分布式账本技术有可能帮助政府进行税收征管、发放福利和颁发护照等，并确保政府服务的效率和完整性。2017年6月，中国国家税务总局征管和科技发展司成立了"区块链"研究团队，2018年初更是提出"要进一步强化对组织收入全过程的分析监控预警，重点加强对区块链技术的研究，尤其是要积极探索区块链技术在税收征管领域的潜在影响和合理用途。"很多国内一线企业更是投入了大量人力、物力、财力探索区块链技术在供应链领域的应用模式，希望以此打造供应商、消费者、电子商务平台、税务管理部门之间的区块链数据体系。

纳税人涉税流程包括纳税人自我申报纳税、税额确认(包括退税)、争议处理等环节，是典型的链式信息传递，引入区块链可以解决节点之间信息传递的可靠性问题。下面通过两个案例来了解SAP区块链专家与客户、合作伙伴关于区块链促进商业实践的最新创新案例。

2. 案例分析：可控共享多方涉税数据

2019年10月，在巴塞罗那召开的SAP TechEd上，SAP区块链专家分析了在区块链上按角色共享多方涉税数据的案例。该案例中某全球知名化工企业销售免税商品至不同的国家，如西班牙、芬兰、意大利等。

当进行入境申报时，税务部门要求企业提供相应的报关文件，如入境证明(entry certificates)，如果不能及时提交合规的文件，就会丧失免税条件，需要额外提交相当于发票金额20%的增值税(VAT)。随着税收制度改革的深入，税法比以往更加严格，一项新的欧盟法规(EU Quick Fixes Art. 45a MwSt-DVO)要求企业从2020年1月开始提交更多的报关凭证以获取欧盟内商品流转供应商免税资格。对于这家化工企业而言，某些情况下一次报关需要收集来自3个不同货运商的交易记录证明，而这样的报关通常一个月会有好几百万次，企业面临着增加额外的工作成本来满足涉税合规性要求，且有可能支付不必要的税金的风险。

该法案不仅影响一家或某些企业，基本上所有欧盟内企业都面临着类似的风险。以2017年德国出口到欧盟内国家为例，德国企业一年的财务风险总额可能高达1500亿欧元。

如何改进现有的企业信息系统以满足日益增长的税务合规需求呢？让我们先深入分析理解具体的业务场景。

以图4-13某化工企业欧盟内进口申报简要流程为例，该化工企业位于德国的销售公司售卖货物给位于法国的客户，客户自行提货，并将货运外包给3家不同的运输商运输至法国某处的指定收货仓库。入境报关时，销售公司需要从客户方得到承运发票、收货确认函、入关证明文件。客户方为了满足销售方的要求，除了自行准备入关证明以外，还需要从3家运输商处收集承运发票，从收货仓库得到收货确认函，并过滤掉与此次报关申请无关的敏感信息。所有行为必须在规定时限内完成，且存档供将来税务审计。

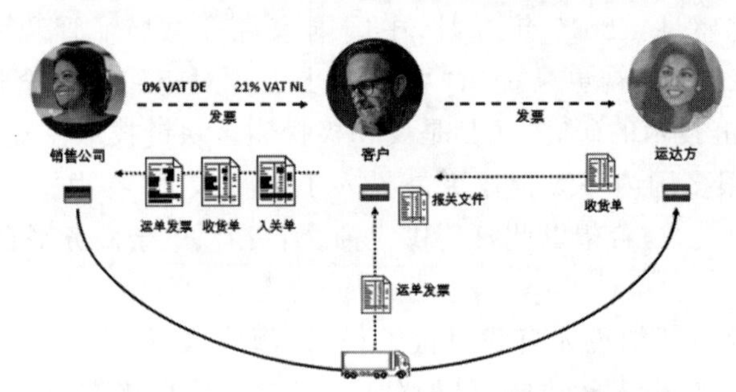

图 4-13　某化工企业欧盟内进口申报简要流程

在这个典型的业务场景中，现有的企业信息管理系统业务流程并没有打通，形成了信息孤岛，利益相关方无法得到全面、真实准确的信息。销售公司只知道接受发票的法国客户信息，没有中间环节的运输商、货物仓库方相关信息与凭证。销售公司需要和客户合作，付出额外的工作成本来监控整个流程的履行情况、对异常情况催单以满足合规性要求。客户公司也需要承担和自身增值业务没有直接联系的成本，如汇总多方业务单据，并过滤报关无关信息。

SAP 在于客户合作创新的过程中，了解到企业客户迫切希望跨公司边界实现全球交易 致性，同时保持其数据所有权。然而他们并不需要一个进行集中管理的跨公司平台，而是需要一种主动与利益攸关方共享他们信任的数据的可控方法。

(1) 传统技术方案探讨。

方案 1：双向直连

企业间双向直连对现有系统的改造最为简单，只需要保证流程中的上下游信息系统打通即可。如以图 4-14 所示方案为例，销售方调用买方的 API 服务，买方收到调用请求以后，转发请求到不同承运人的信息系统并对收到的信息过滤、汇总后返回。

技术上此方案可行，但是在实施成本与效率、访问控制与信息安全、主数据同步和交易数据的安全保存与监管、系统性能容错与稳定性等方面的弊病也是显而易见的。

实施成本与效率：在图 4-14 中不难发现信息系统两两之间必须建立链接，规范化通信报文，实施登录认证与权限管理。当更多的商家加入流程中，网络拓扑结构变得越来越复杂时，两两之间的依赖导致实施成本急剧上升。如一家新的承运人成为买方的货运服务商，那么买方就必须为了销售方的涉税请求，打通新承运人的信息系统，甚至不得不将整个或部分业务系统停机维护以进行必要接口升级。信息系统的打通并不是买方的主营

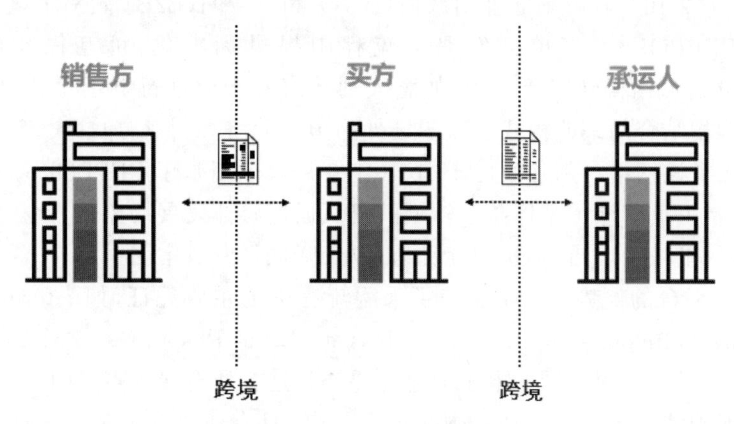

图 4-14　方案 1：双向直连

业务，却为了销售方的要求付出成本，本身就是不合理的。尤其中小型承运人作为供应链的尾端，市场竞争激烈，变化快，信息系统建设薄弱，对于买方的 IT 运维管理人员而言更是个不可能完成的任务。

访问控制与信息安全：当松散的网络由于更多参与者的加入变得复杂时，系统间访问控制，权限管理会成倍增加。如图 4-14 中的买方信息系统需要为每一家销售商的服务调用端口创建独立的用户登录信息，隔离访问数据区，并针对每种用户类型，设置源数据访问过滤规则，避免隐私信息非法访问。

主数据同步和交易数据的安全保存与监管：各种业务凭证都需要基于主数据进行处理，如税额的计算需要考虑公司类型、产品种类或服务类型、税务管辖区、税率、免税条件等，这些主数据信息需要在所有参与方进行同步以避免争议。同时，主数据管理过于集中在网络中的某台或某些系统中，避免网络攻击导致的恶意篡改的能力较弱。如果一个信息交换系统没有多方认可的中央主数据管理系统，数据的可靠性与计算结果存疑，不能让业务参与人员尤其是审计人员信服。数据长期保存能力不够，不能满足当期数据长时间(10 年以上或永远)保留的审计要求。

系统性能容错与稳定性：每一次数据请求的环节过多会导致系统时延过长，系统关键性能如响应率、吞吐量等不高。在一个松散的网络系统里，任何一家的服务都会成为系统的短板，导致流程不可用，稳定性太低。当异常发生时难于定位到问题的根源，容错性较差。尤其当多个业务相关方同时面临截止期(deadline)，而系统发生异常时，更是 IT 运维人员的灾难。

方案 2：第三方直连

通过第三方进行数据互联的典型商业信息交换网络，如泛欧网上公共采购系统

(PEPPOL)，它采用一项针对企业对政府(B2G)和企业间(B2B)贸易中电子文档交换的EDI标准。PEPPOL为订单到发票全流程中提供标准化、可互操作的消息传递。PEPPOL在欧盟域内得到广泛采用，如意大利政府基于此推行电子化政府，实行分散采购和集中采购相结合的采购模式。欧盟域外的国家如澳大利亚、加拿大、新西兰、新加坡、美国等也加入了该网络。新加坡已于2018年6月起采用基于PEPPOL新的全国电子发票标准，新平台由负责该国整体数字转型的资讯通信媒体发展局监管，旨在方便企业之间无缝互动，并尽量减少出错、加快国际交易，以及降低经营成本。

PEPPOL平台的优势之一是涵盖了采购流程中的主要凭证，如e-Orders、e-Advance Shipping Notes、eInvoices、eCatalogues、Message Level Responses等。提供了一种可互操作和安全的网络，使用相同的电子消息传递协议连接所有接入点，并格式化和应用数字签名技术来保护消息内容。凭证有数字证书签名，只有通过安全认证才能流转。而在保持地区特色和监管要求方面，PEPPOL提供扩展封装的方案，将各地的特殊性要求囊括其中，以满足差异性要求。

数据交换方面，PEPPOL采用了4点模式(four corner model)，如图4-15所示。参与网络的主要角色和概念如下。

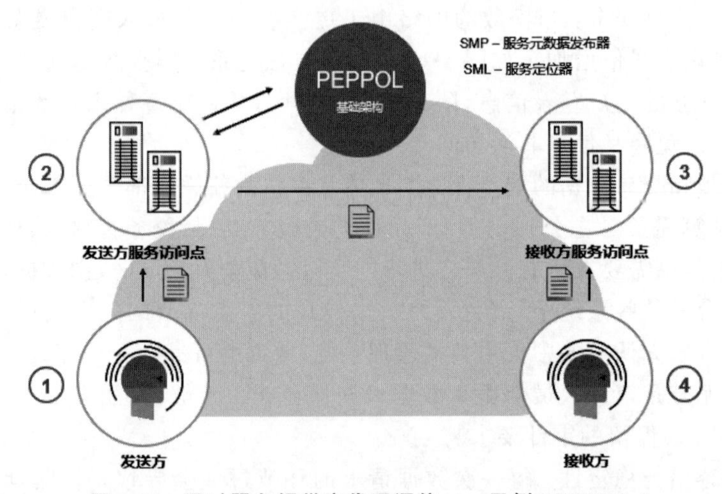

图4-15 通过服务提供商代理通信——示例(PEPPOL)

- SMP(service metadata publisher，服务元数据发布器)。所有的PEPPOL参与组织(如承包当局或供应商)都使用一种称为服务元数据发布器的单独服务发布它们的接收能力(传递地址、业务流程和支持的文档类型等)。SMP的目的类似于地址簿或业务注册表，包含特定电子采购社区内参与者的详细信息。

- SML(service meta locator,服务元数据定位符)。用于寻址的中央注册系统。为了将电子文档从发送者传递到正确的接收者,所有的 PEPPOL 接入点需要相互了解以及它们所支持的参与者。PEPPOL SML 定义了使用哪些服务元数据发布器来查找任何 PEPPOL 参与者的消息传递细节,类似于互联网的 DNS 服务器。PEPPOL SML 是核心服务,识别所有的 PEPPOL 可信接入点和服务元数据发布器。
- AP(access point,接入点)。消息的发送方和接收方通过认证的 PEPPOL 接入点来传递消息。

PEPPOL 网络的技术方案成熟、稳定可靠,是一款值得信赖的企业级信息交换基础架构,所以被越来越多的政府、企业广泛采纳。如何应用 PEPPOL 来构建企业间可控数据共享上层服务需要进一步考虑如下要点。

- 全流程入网。理想状态下,所有和业务流程相关的企业、交易文档都应该通过 PEPPOL 访问,而目前支持的国家、电子文档格式还比较有限,需要和网络外围系统,如税务、海关、银行等专有系统做进一步集成。
- 主数据同步和业务数据长期保留。业务文档是主数据如产品及其编码、税码与税率、企业税号与联系地址、税务管辖区、交易人员、银行账号等静态属性,和具体某笔业务的事务数据如日期、数量、金额、付款方式、上下游其他关联业务文档等动态属性的组合。主数据的静态属性通常有一定的有效期,当发生变更时需要提前通知相关数据处理方,确保各方理解一致,避免歧义造成的系统处理异常甚至财务损失。主数据同步属于数据交换上层应用,是数据全生命周期管理的核心部分。PEPPOL 注重数据交换,对于主数据同步和业务数据长期留存,需要额外实施成本,如按数据性质、访问模式的不同将数据存储集中或分散在网络的外围部分。不管哪种方式存储,从数据安全以及审计合规的需求考虑,必须有可靠机制防止主数据在跨网络边界进行信息交换与存储的各个环节被恶意篡改。
- 按角色按需访问涉敏数据。信息系统访问数据的角色按类型可以有普通用户、管理人员、IT 运维人员、审计人员等,角色需要灵活地与具体的职位或个人挂钩。访问数据限制条件要灵活,可以考虑次数受限访问(典型的是一次性访问)、按时段访问、仅后台访问等。业务文档常常有敏感信息,和个人隐私相关的有联系人姓名、地址、电话与邮箱地址、国籍等,和商业秘密相关的有银行账号、折扣条款等。对个人敏感信息的处理是网络数据主体个人隐私权相关法案(如约束 GDPR 等)的重点,要求能满足用途可知、可删除、访问日志存档、敏感信息屏蔽(mask)等监管要求。
- 数据的审计需求。企业级的数据访问不仅满足技术性的锁请求管理、访问日志,还必须考虑审计等合规性的要求。按各国法律要求的不同,可以分为 7 年、10 年、30 年、永久等。要求能对信息访问追溯到个人,对用户访问数据库行为进行有效记录、分析和汇报,生成法规要求的合规报告,当事故发生时能追根溯源,提高数据资产安全。

(2) SAP 区块链实践。

SAP 的解决思路是构建一个集成了区块链技术的联邦数据融合平台(federated data management,FDM)),如图 4-16 所示。愿景是创建一个去中心化的平台,支持数据(如发票)的交换,同时为所有相关方提供"数字公证服务"或单一的事实来源。

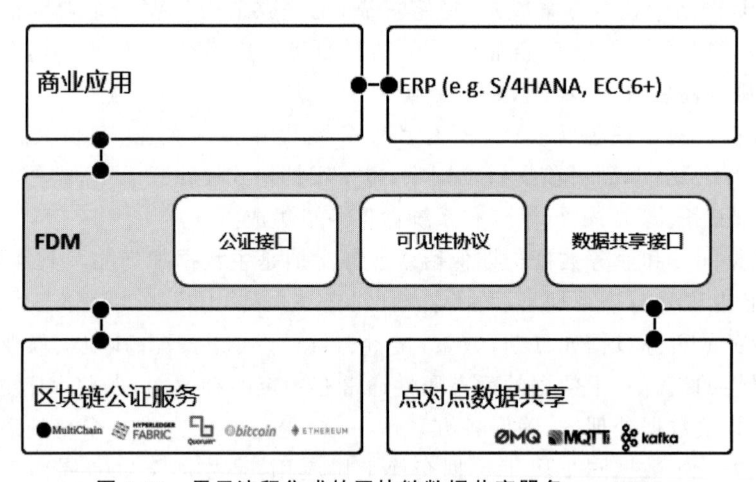

图 4-16 用于流程集成的区块链数据共享服务——FDM

- 业务数据只在业务伙伴之间点对点直接通过不同的渠道共享,每位参与者均可查看最新交易状态,提高效率,减少争议。数据共享只在必要时发生,辅以细粒度的数据控制机制。
- 通过数字公证让参与流程的多方建立信任关系。像传统的公证人一样,数字公证保证行为的有效性、可审计性和所有权,不泄露敏感业务信息。数据是加密的,防篡改的,可追溯的,防止抵赖。
- 将电子文件缩小为数字指纹,同时保存文件结构。仅对此指纹进行公证,不透露任何具体内容。数据属性有选择地共享,所有利益相关者可以对照公证证明他们对文件的看法。

跨公司流程中的各个利益相关方都可以加入平台,如供应商、客户、税务机构、审计机构、金融机构等。数据经过平台的服务赋能实现在属性级别上共享,具备细粒度的可见性控制。可以通过云扩展应用程序轻松无缝与已有 ERP 系统做集成,启用具有多方的跨公司业务流程，充分利用企业已有 IT 系统建设成本。

使用 FDM，我们能实现两种不同类型的网络，如图 4-17 所示。它们的区别在于，图 4-17(a)仅需要了解点对点网络利用 FDM 的数据共享服务进行数据交换；图 4-17(b)为用于传播公证的区块链网络。

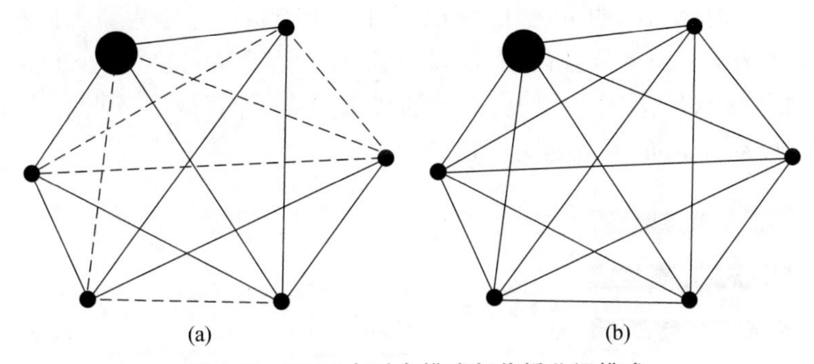

图 4-17　FDM 点对点模式与传播公证模式

从数据角度看，仅在需要了解的基础上共享(因此部分被涂黑)。如果不应共享文档的一部分(例如发票上的价格)，则应共享其哈希。这使接收方即使只知道一部分文档，也可以验证整个文档的真实性，如图 4-18 所示。该方法为所有利益相关者提供了完全的数据所有权控制。

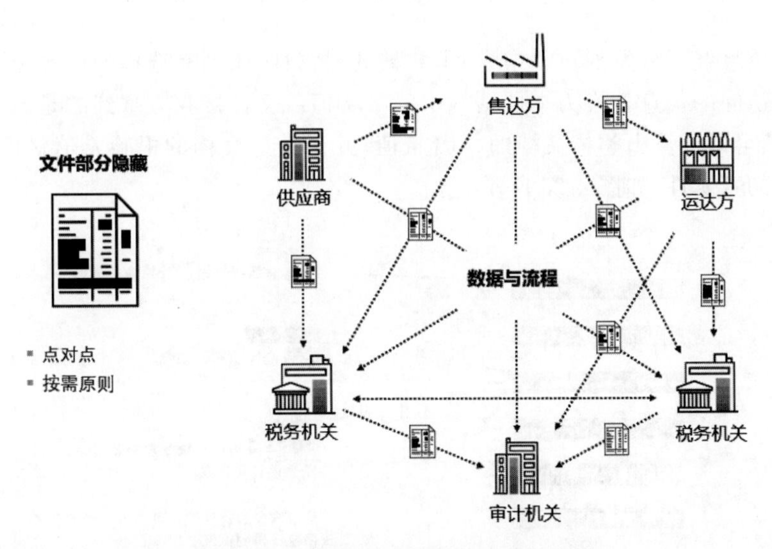

图 4-18　在区块链上可控分享凭证内容

技术上如何做到在文档属性级别进行访问控制呢？一种方法是将原始文档属性结构按默克尔树的形式组装起来，逐层计算下层两个节点的哈希值，并最终得到整个文档的哈希值，如 f590b4c9d4a809bd9991119e0142473568d21e3b，如图 4-19 所示。哈希值代表了文档当前不可篡改的真实值并最终上链。如果文档中包含 GDPR 涉及的个人敏感信息，且存在和公开字段内容相同的可能性，可以在计算哈希值的过程中添加随机数(nonce)，保证原始信息无法被逆向推导。例如，隐藏字段 A 代表金额 2020 和公开字段 B 代表日期 2020 的值相同，可以对字段 A 节点添加随机数节点，计算两个节点的哈希值，此哈希值和字段 B 的哈希值不同，有效避免了逆向推导。

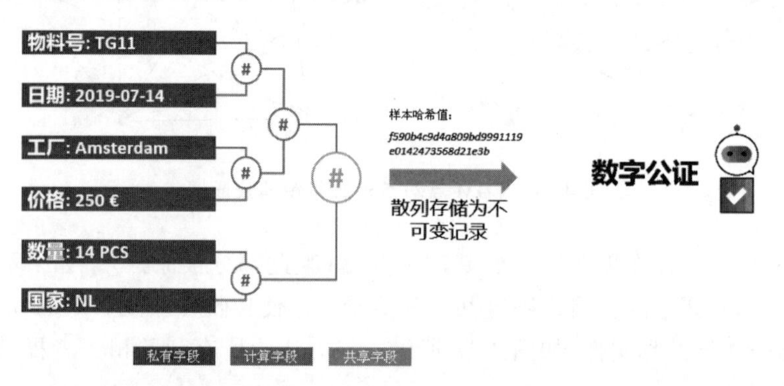

图 4-19　按凭证结构将内容散列为默克尔树，根节点代表文件

在原始信息线下分发的过程中，为了数据的保密性，做到有选择的记录分享。可以将文档中不可访问的信息替换为文档结构中的哈希值。文件接收方拿到的是原始文档的部分信息，依然可以计算出整体文档的根哈希值，并于链上文档的根哈希值做匹配，可以得知原始文档的真实性，如图 4-20 所示。

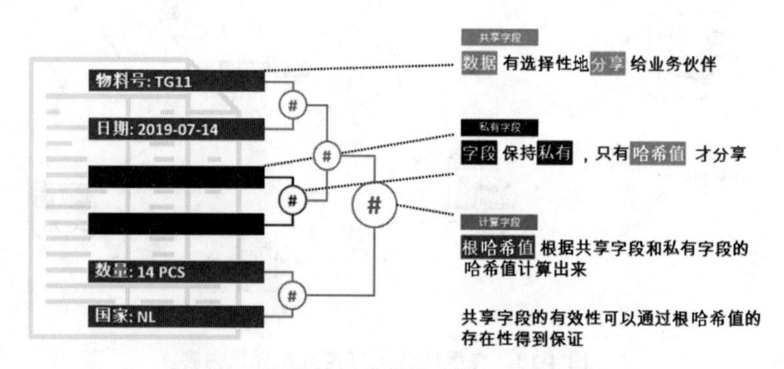

图 4-20　分享凭证的部分内容，并对其校验

当税务或审计部门对凭证进行审核时,可以通过提交凭证的哈希值追溯网络中存储的、不可篡改的凭证流进行有效性确认,保证涉税信息真实可靠,来源正规。

SAP的federated data management (FDM)联邦数据平台对现有的企业ERP信息系统改造影响小,客户可以灵活选择SAP云平台上区块链的服务与现有系统集成,也可以基于SAP云平台的开发包新开发或扩展已有ERP功能并部署运行在云平台上,如图4-21所示。

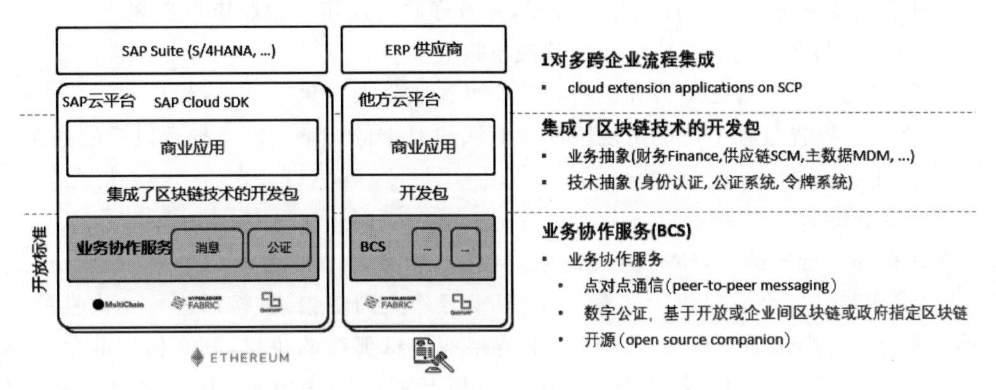

图4-21　通过开放和加密协议进行业务协作

不难发现,该模式适用于涉及跨公司的任何流程性事务,相关业务领域涉及金融(从订单到现金,从采购到付款),供应链管理(SCM)和制造(从设计到运营)。可以轻松应用该方案到其他具体场景如下。

(1) 跨公司的物料原材料来源和可追溯性;

(2) 直接材料采购;

(3) 潜在客户到现金和采购到付款流程中的未清项目跟踪与自动化;

(4) 财务应收应付中的争议管理;

(5) 供应商主数据管理。

3. 案例分析:税收分类账处理与分析

自2015年以来,迪拜及其迪拜未来基金会(DFF)一直在引领区域内区块链技术潮流。DFF的主要目标是打造全球首个区块链政府,利用区块链技术的优势来简化政府办公流程,增加透明度,避免腐败,管理常见的签证申请、账单支付以及许可证更新工作等。作为全球32个政府及企业于2016年组建的全球区块链委员会(global blockchain council)的一员,SAP也正在致力于发展迪拜的区块链应用。通过和区域内合作伙伴合作创新,我们了解到政府和企业在以增值税为主体的税务征管领域所面对的问题与挑战。

政府需要确保企业或个人遵守税收法规。

- 减低税收欺诈或逃税的可能性。如重复报账、重复支付、虚开发票等问题造成的税务风险。
- 需要定期审核企业提交的纳税申报单，以确保合规。
- 需要与其他利益相关者（如财政部等政府实体）收集并共享税收相关信息，自动化纳税人、税务机关和开票商对交易的确认和票据的验证等流程。

企业需要确保它们始终在法律上合规，并遵守政府制定的税收申报法规。

- 需要定期生成政府期望的合法纳税申报表。
- 需要能够为所有已申报和已收到的应税税收发票提供审计追踪。
- 避免在报告过程中可能出现错误和对法律要求的误解可能会导致以后的处罚。
- 快速响应可能的税收细则变更。

(1) 传统技术方案探讨。

在现有的基础框架下，所有相关的生产制造、服务环节的企业与个人（如职员、旅行者）、银行，必须和多个政府机构如海关、税务重复建立通信渠道，按需进行一次性的信息流通。表面上看起来通过巨额投入建立了链接各信息孤岛的桥梁，其实信息共享并没有完全实现，信息在网络的少数几个关键主体沉积下来，不能互相验证。不准确、不及时的数据并不能完全挖掘信息的真正价值。当数字化政府变革发生时，复杂的信息共享网络很难快速响应变化，实现整体服务流畅升级，在变化中完成自适应式的更新换代。

(2) SAP 区块链实践。

利用区块链技术，SAP 给出的设想方案是一个基于区块链的税收分类账，以保留该国正在处理的所有应税交易的记录作为共享数据库。该税收分类账是一个联盟链，允许管理参与者的访问授权，例如谁被允许访问授信网络节点，以及谁被允许查看基础税收分类账中哪些内容。通过众多节点共同维护的账本和共识算法保证发票的可信流转，完整记录电子发票在税务机关（FTA）、企业开票等流通过程中产生的数据，实现在全生命周期内可追溯、可追踪，帮助税务机关实时监控发票使用者的身份信息及发票流向，并建立异常交易行为监测与分析系统。该分类账可以实时计税扣税，并与企业 ERP 业务流程集成，建立税务、银行和纳税人间的全网化扣款协议，实现实时退税或纳税。充分利用内存数据库，提供实时链上事务分析。

基于区块链的税收分类账有助于价值链分析。税基侵蚀与利润转移行动计划提出“利润应在经济活动发生地和价值创造地征税”的总体原则，而区块链技术的透明性特征可以帮助税务机关在全球范围内识别创造价值的经济活动，并据此征税。以图 4-22 为例，供应商 A 发送含税发票给企业 B，与此同时，和发票相关的涉税行为会记录到链上，并于其他相关凭证形成完整链条。由于关联交易都在链上有据可循，参与的每个集团公司和税务机关都能够看到完整的历史交易记录，有助于更好地理解整个供应链的价值创造过程。关联交易场景下的区块链分布式账本可以成为转让定价同期资料的一部分，作为主体文档、本地文档和国别报告的有效补充信息。另外，各利益相关方都将拥有实时的和最新的整个分类账副本，避免了数据丢失的风险和人工数据对账的麻烦。

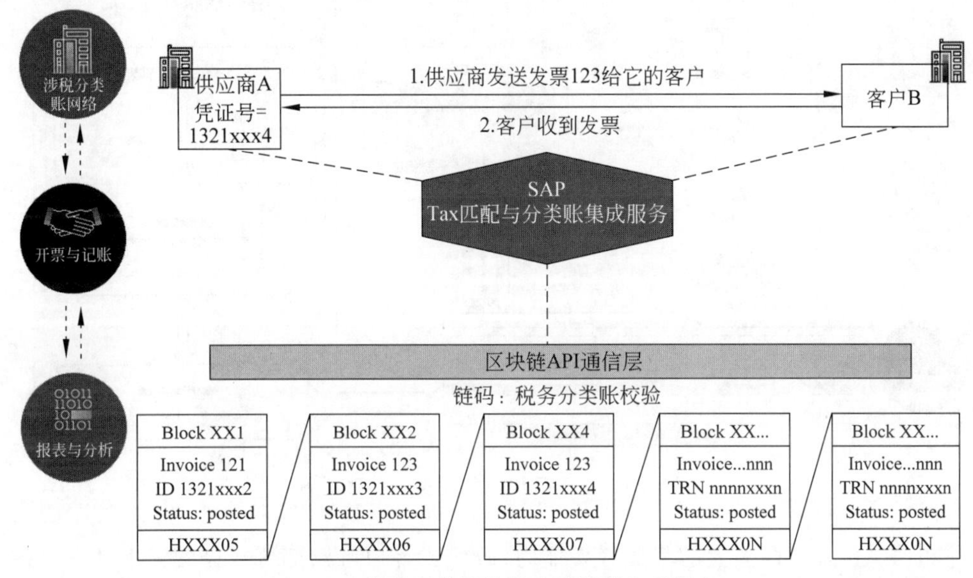

图 4-22　基于区块链的税务分类账集成服务

该税收分类账基于 Hyperledger Fabric 网络，多个组织通过通道进行交流。该网络中的公共交易只能由已被允许进入特定渠道的组织看到。在某些情况下，企业可能不想将数据发送给网络中的所有人，这时可以使用通道配置管理敏感信息相关方，企业可以随时将其他对等方加入通道，设置私有数据收集，通过 gossip 协议在网络上的特定对等点之间发送数据。实际数据存储在单独的数据库（SideDB）中，并且仅散列哈希数据存储在公共数据中，以供通道验证数据。Hyperledger Fabric 网络也能部署链码，使用“客户端身份库”检查链码中的权限。使用此库，企业可以从用户证书中提取数据，并使用它们来允许或拒绝某些操作。

SAP 云平台的区块链服务和 SAP HANA 集成服务使得 SAP 客户的企业内部 HANA 数据库与外部区块链网络包括 Hyperledger Fabric、Multichain 以及 Quorum 等进行数据同步。将区块链原始数据、账本、世界状态有选择地以虚拟表的形式同步到企业内部数据库，进一步挖掘数据价值，如图 4-23 描述的法定报表生成与分析（reporting &analytics）、税额对账（tax reconciliation）、生成应付税款（post tax payment）。此外，通过 SAP HANA 触发的区块链交易也会提交给相应的区块链生态系统，对于区块链信息的更新，SAP HANA 中相应的区块链表将相应更新。

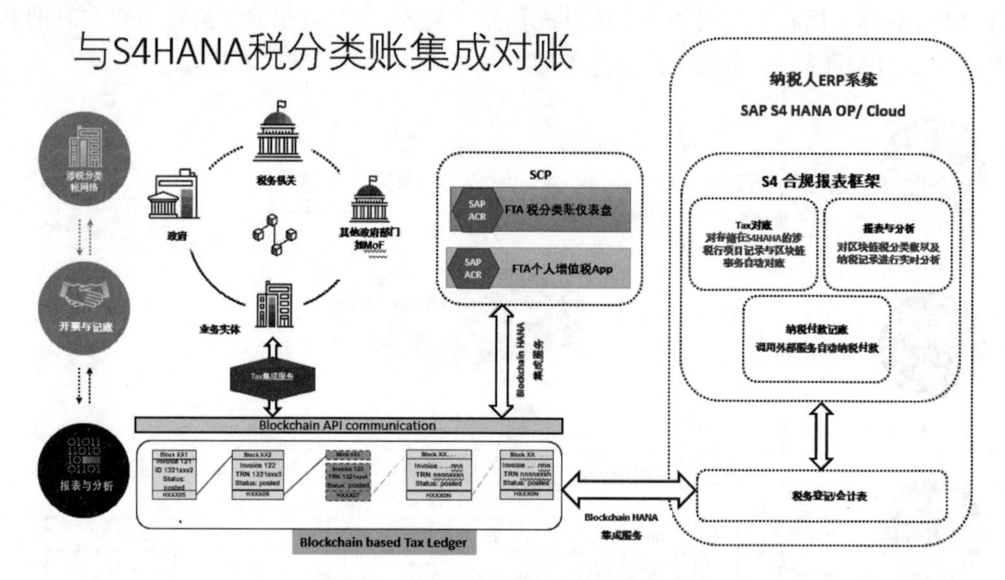

图 4-23 基于区块链的税务分类账对账

借助 SAP 云平台强大的集成开发能力，政府或客户可以部署或订阅云上的 SAAS 服务对链上数据进行实时查看、分析、预测，如税收分类账仪表盘（FTA tax ledger dashboard）可以获取待纳税款项，检查纳税状态，对未来 段时间的税收进行预测；企业或个人税收分类账明细（FTA VAT App for registered person）可以查看每笔历史或待纳税交易的明细，在线纳税并获取确认单等。

4.2.5 展望区块链与税收监管

受二十国集团（G20）委托，经济合作与发展组织（OECD）于 2014 年 7 月发布《金融账户涉税信息自动交换标准》，并获得当年 G20 布里斯班峰会的核准，为各国加强国际税收合作、打击跨境逃税提供了强有力的信息工具。在 G20 的大力推动下，目前已有 100 个国家或地区承诺实施此标准，以提高税收透明度。长远来看，金融账户涉税信息自动交换终将覆盖绝大部分国家（地区）。2014 年 9 月，经国务院批准，我国在 G20 财政部长和央行行长会议上承诺将实施此标准，2018 年 9 月国家税务总局与其他国家（地区）税务主管当局第一次交换信息。

“区块链”公开透明的基本内涵与税收管理现代化意义上的公开透明基本相似，都是指数据不可篡改、真实有效，信息全生命周期中各个增、删、改等操作公开透明可验证，减少因为记录不确定性导致的税收争议。为各国税务体系中相关主体之间数据信息共享、信任评价等方面提供了解决方案，促使现有征管模式在征管效率、手段和方式等方面悄然发生改变，为构建现代化纳税服务和税收征管体系奠定了技术基础。而区块链所具有的去中心化、可追溯性等显著优势，可以使其在税务管理中的义务认定与纳税遵从、发票管理、税库银联网、实体信誉等级认定等方面应用潜力巨大，对企业纳税人、税务与税务咨询机构、第三方审计机构的影响是变革性的。

例如，在不断成熟的跨链技术支持下，发票流、资金流、生产信息流、物流等生产、服务过程中全要素信息采集将更加准确及时，为形成税收管理现代化中的税收大数据提供有力支撑，当数据不可篡改地记录在链上，与合同、付款不一致之类"阴阳合同"导致的"偷税漏税"行为将不复存在。税收通常遵循交易链及其税收义务，链上智能合约可以按约定法律条款触发，读取实时企业交易记录完成税款计算并自动扣款，意味着完成交易即增值税、营业税等税款抵扣汇缴完成之时，通过简化的纳税流程和自动化，政府可以提高效率，替代定期税务申报，从精确及时的纳税中获得利益。

在当下数字信息时代，信息泄露风险是必须要考虑的因素，区块链技术的去中心化分布式账本和嵌入智能合约可以使税务机关与纳税各方共享数据信息，解决不透明难题，但同时，如何让信息共享行之有度，找到透明和隐私保护之间的平衡点，使纳税人信息不至于被无止境公开化，也是区块链技术在企业应用，也包含税收管理领域中需要考虑的问题。

4.3　供应链与物流

前两节我们了解到企业区块链在审计电子文件保全和电子发票以及税收相关领域的应用，本节将重点阐述区块链在供应链与物流中的发展现状以及应用场景，首先介绍供应链管理的定义与内容。

4.3.1　供应链管理的定义与内容

供应链管理(supply chain management，SCM)指在满足一定的客户服务水平的条件下，为了使整个供应链系统成本达到最小而把供应商、制造商、仓库、配送中心和渠道商等有效地组织在一起来进行的产品制造、转运、分销及销售的管理方法。

供应链管理包括计划、采购、制造、配送、退货五大基本内容。

(1) 计划。这是SCM的策略性部分。这些策略用来管理所有的资源，以满足客户对产品的需求。好的计划是建立一系列方法来监控供应链，使它能够有效、低成本地为顾客提供高质量和高价值的产品或服务。

(2) 采购。选择能为产品和服务提供货品和服务的供应商,和供应商建立一套定价、配送和付款流程,并创造方法监控和改善管理,并把对供应商提供的货品和服务的管理流程结合起来,包括提货、核实货单、转送货物到制造部门并批准对供应商的付款等。

(3) 制造。安排生产、测试、打包和准备送货所需的活动,是供应链中测量内容最多的部分,包括质量水平、产品产量和工人的生产效率等的测量。

(4) 配送。也是指物流,是调整用户的订单收据、建立仓库网络、派递送人员提货并送货到顾客手中、建立货品计价系统、接收付款。

(5) 退货。这是供应链中的问题处理部分。建立网络接收客户退回的次品和多余产品,并在客户应用产品出问题时提供支持。

4.3.2 供应链发展的影响因素

目前影响供应链发展的因素多种多样,我们概括成以下 3 点。

1. 全球一体化

从 20 世纪 90 年代到现在,随着全球一体化的程度越来越高,跨国经营越来越普遍。以制造业为例,产品的设计、原材料的采购、零部件的生产与组装很可能分散在不同的国家,最终的产品被销往世界各地,从而形成了一个复杂的产品生产供应链。这样一个供应链在面对市场需求波动的时候,一旦缺乏有效的管理会严重影响整个供应链的价值输出。

2. 横向产业模式的发展

在当今社会的绝大部分行业中,几乎不可能由一家庞大的企业控制着从供应链的源头到产品分销的所有环节,而是在每个环节都有一些企业占据着核心优势,并通过横向发展扩大这种优势地位,集中资源发展这种优势能力。而现代供应链则由这些分别拥有核心优势能力的企业环环相扣而成。同时,企业联盟和协同理论正在形成,以支撑这种稳定的链状结构的形成和发展。

3. 企业 X 再造

1993 年,美国麻省理工学院计算机教授迈克尔·哈默(Michael Hammer)和 CSC 顾问公司的詹姆斯·钱皮(James Champy)联名出版了《企业再造:企业革命的宣言书》。该书提出了业务流程重组(business process reengineering,BPR)的概念,它的基本思想是要求企业必须彻底改变按照分工原则把一项完整的工作分成不同部分、由各自相对独立的部门依次进行工作的工作方式,打破部门界限,重塑企业流程。但是在当时,这个理论还只是针对单个企业的各个部门之间。随着全球一体化浪潮和横向产业模式的发展,企业已经意识到自身处在供应链的一个环节,就需要在不断增强自身实力的同时,增强与上下游之间的关系，这种关系是建立在相互了解、协同作业的基础之上的，只有相互为对方带来源源不断的价值，这种关系才能够永续。在 2002 年，钱皮又灵光闪现，将其新理念归结在《企业 X 再造》一书中，为企业向外部拓展过程中如何突破跨组织之间的各种界限出谋划策。随着互联网技术的发展，这种共享、协作的观念也一起跨出企业。今天所谈及的供应链管理，正是为了实现这种观念而进行的一次实践。

4.3.3　传统供应链的局限性

供应链可以被看作是由供应商、制造商、仓库、配送中心和渠道商等构成的网络。供应链概念的核心就是主体之间建立信任，协作协同，将原本松散的企业形成链条，将离散的链上信息收集整合。随着供应链涉及的范围越来越广，企业通过有效的链上管理来协调自身和外部的资源，从而满足市场需求。

在供应链链条上，资金流、信息流、实物流交互运行，协同难度极高，传统的依靠单一链主——核心企业的协调模式已经不能满足多元化、快速发展的市场需求。在这种模式下，核心企业虽然作为链主存在于整个供应链管理体系中，但因其对于供应链上下游掌控范围有限，存在信息的不对称和不透明问题，甚至存在信息作假和被篡改的风险。这些问题一方面会增加核心企业的供应链管理向上下游延伸的难度，另一方面使得核心企业对供应链上的实物流、信息流和资金流的合理整合难以保证，导致管理能力和需求的不对称。

随着供应链管理技术的发展，市场上出现了一系列工具来帮助供应链上下游提升协同水平，如 VMI 供应商管理库存、JIT 即时交付、供应链金融 1＋N 模式等。但这些工具始终是依赖于核心企业的统一规划和协调，而非直接的上下游企业间的相互沟通协作，仍然难以有效解决问题。

4.3.4　区块链技术在供应链中的应用

区块链提供的信任协作机制，为解决供应链的多方协作等问题提供了可靠的技术支撑。接下来从区块链技术特征出发，具体分析区块链为供应链带来的革新。

1. 块链式数据存储

供应链更多强调的是数据的深度保存和可搜索性，保证能够在过去的层层交易中追溯所需记录。其核心是为每一个基于其他部件构成的商品创建出处。区块链技术特有的数据存储方式使供应链中涉及的原材料信息、部件生产信息、每一笔商品运输信息以及成品的每一项数据以区块的方式在链上永久存储。根据链上记录的企业之间的各类信息，可以轻松地进行数据溯源，也可以辅助解决假冒伪劣产品等问题。通过这种数据存储的方式，区块链的框架满足了供应链中每一位参与者的需求：录入并追踪原材料的来源；记录部件生产的遥测数据;追踪航运商品的出处。

2. 数据防篡改

在传统的供应链中,数据多由核心企业或参与企业分散孤立地记录保存在中心化的账本中。当账本上的信息不利于其自身时,存在账本信息被篡改或者被私自删除的风险。区块链技术的链上数据不可篡改和加盖时间戳的特性,能够保证包括成品生产、储存、运输、销售及后续事宜在内的所有数据都不被篡改。数据不可篡改使信息的不对称性大大降低,征信以及企业间的沟通成本均随之降低,这一应用帮助企业间快速建立信任,同时分化了核心企业所承担的风险。区块链技术保证了供应链上下游之间数据的无损流动,有效避免了信息的失真和扭曲。

3. 基于共识的透明可信

区块链系统的共识机制在去中心化的思想下解决了节点间相互信任的问题,使得众多的节点能在链上达到一种相对平衡的状态。区块链解决了在不可信信道上传输可信信息、价值转移的问题,而区块链的共识机制解决了如何在供应链这种分布式场景下达成一致性的问题。在"共识机制"下,企业和企业之间的运营遵循的是一套协商确定的流程,而非依靠核心企业的调度协调,由于信息足够透明,彼此足够信任,在满足联盟企业之间利益的同时提升运行效率。

区块链适用于供应链领域的技术特性如图4-24所示。

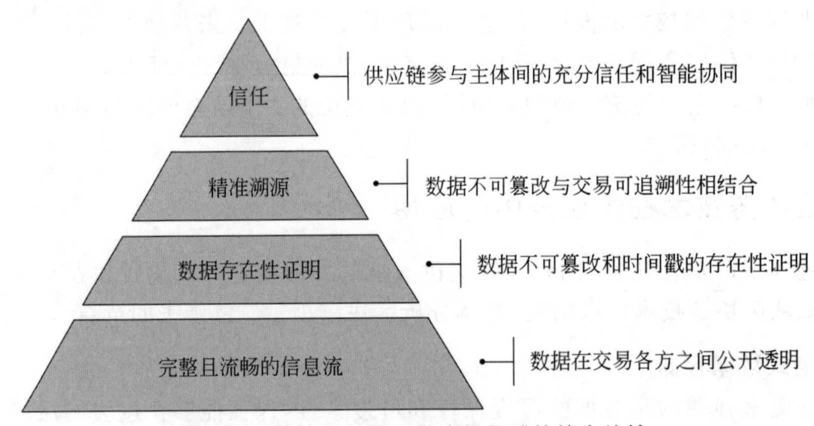

图4-24 区块链适用于供应链领域的技术特性

4.3.5 国内外供应链应用现状

区块链技术在供应链领域的应用使生产商和经销商更有效地监控货物流转,充分调动链上资源。而对于消费者而言，对商品的来龙去脉有了更直观可靠的了解。基于区块链技术的物流平台能够有效地解决物流运输场景中订单数据分散、货物运输过程信息不透明等问题。用户可以通过与互联网相连接的设备来监视目标对象，以透明的方式全流程追踪货物的原产地和中间的交易过程。在区块链上，不仅可以查看产品的静态属性信息，还可以监控产品从生产商到经销商再到终端消费者的中转运输流程，追踪贯穿整个产品的生命周期，提升行业整体效率。

近几年，国内外多个企业积极探索区块链在溯源防伪、物流、供应链金融等场景中的应用，区块链技术正逐渐向传统供应链业务中渗透。例如，马士基(Maersk)公司联合保险机构、区块链企业等多方共同打造的全球首个针对海运保险的区块链平台，形成跨专业的链上联盟；全球最大零售商沃尔玛公司在中国完成了利用区块链技术追踪猪肉产销全过程的试点计划，实现追踪时间的大大缩短；UPS 公司加入专注于货车和船舶运输行业的区块链货运联盟，致力于开发区块链技术在供应链系统中的使用标准；众安集团基于区块链的养鸡场项目，结合了区块链数据存储、物联网智能设备和防伪技术，实时记录和追溯整只鸡的成长过程；海航科技物流集团基于区块链技术打造的智能集装箱数字化平台为物流体系提供端到端的虚实融合信息流，实现订单在各个实体间的自动化流转。

未来，随着区块链在供应链领域的应用趋于成熟，区块链技术将有望推动和完成整个供应链行业的颠覆式创新，助力实现传统行业与新一代信息技术的深度融合。

4.3.6　探索区块链与供应链管理

1. 食品供应链管理

食品供应链非常复杂，它涉及生产者、仓储、食品加工商、分销商以及零售商等众多参与者，以及食品在不同参与者中的流通环节，如图 4-25 所示。

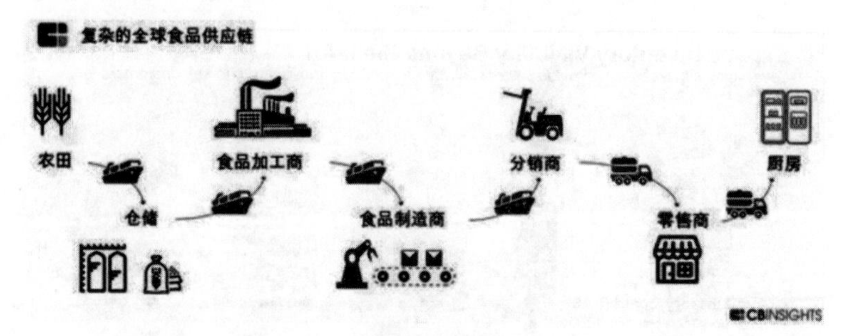

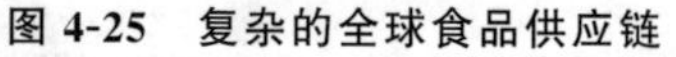
图 4-25　复杂的全球食品供应链

完整可靠的食品溯源信息对保障食品安全有着至关重要的作用。食品溯源信息通常可以分为两部分：食品的生产加工日期以及食品的运输信息。若消费者买到了食品生产加工日期造假的商品时,有可能会损害健康。若食品运输信息不完整时,一旦有食品污染的事件发生,那些污染的食品难以被精确地追溯与召回,会对整个企业甚至行业带来损失。例如,2006年,大肠杆菌污染的“毒菠菜”导致美国至少2人死亡,196人患病。等到事件被关注时,沾染病菌的蔬菜已被运往加拿大和墨西哥。因为美国食品药品监督管理局(FDA)不能确定哪一批次的菠菜沾染了这种病菌,最终只能建议大家避免吃任何新鲜的菠菜,菠菜行业因此损失约7400万美元。

如何获得完整可靠的食品溯源信息,对于传统的食品供应链来说,是一个很大的挑战。首先,食品的生产、加工、运输、保存信息在各个环节中的准确度难以保证。在传统的模式下,各节点企业分别记录食品相关的各种信息。在目前监管措施不够完善的情况下,企业可能会抹去或修改对自己不利的信息,如修改食品真正的生产日期。其次,难以将各个节点企业收集到的食品信息整合成完整的溯源信息。

区块链作为一种公共的、分布式的账本,与中心化记录方式不同的是,所有节点企业同时记录数据。这种特性,使得数据记录具有一致性,保证了数据的准确度,如图4-26所示。

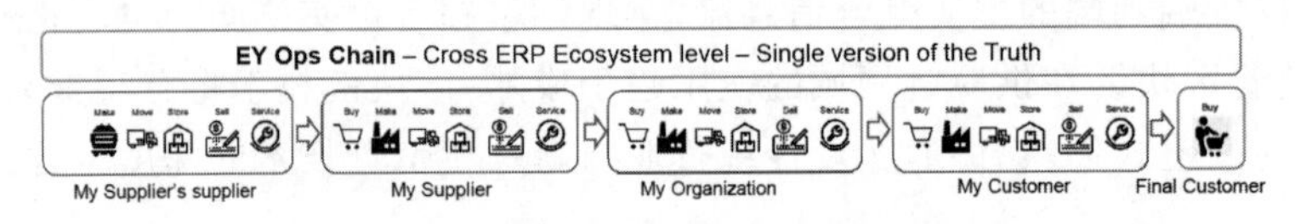

图4-26 跨ERP系统中的数据一致

另外,由于供应链中各个节点企业都上传了食品的生产及运输信息,因此区块链中保存了一份食物从源头到消费者的完整路径,在出现食品质量问题时可以更迅速地追溯到食品问题的源头,如图4-27所示。

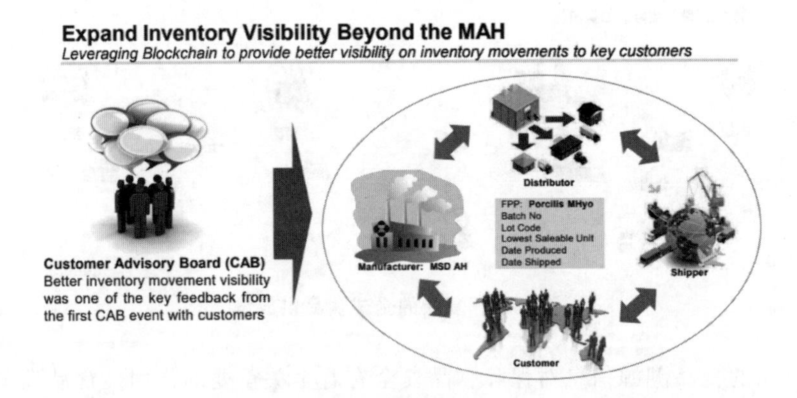

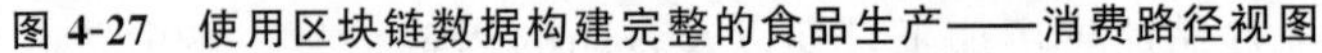

图4-27 使用区块链数据构建完整的食品生产——消费路径视图

2. SAP 区块链实践

对于食品生产日期的一致性问题，SAP 给出的解决方案是构建一个基于区块链的 ERP 系统互联平台，愿景是创建一个去中心化的平台，支持食品供应链上节点企业的关于食品安全数据（如食品的生产批次及生产日期）的交换，同时为所有相关方提供食品安全的单一事实来源，如图 4-28 所示。

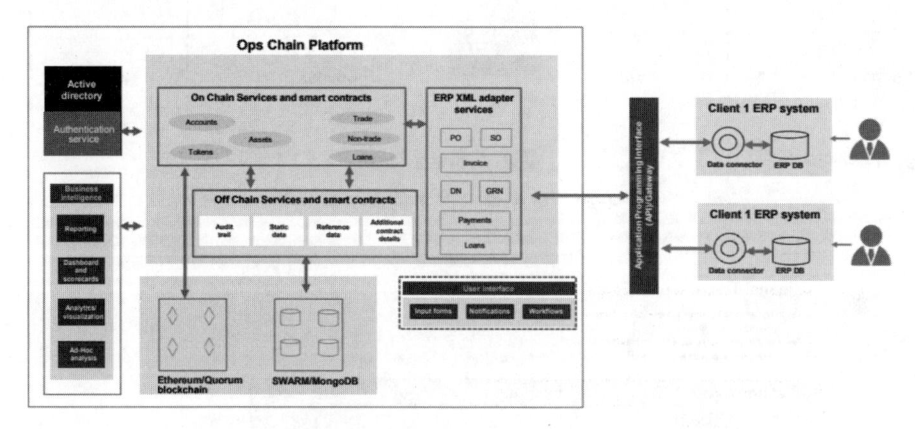

图 4-28　基于区块链的食品企业 ERP 系统互联平台

企业的食品生产、交易数据从各自的 ERP 系统通过 API Gateway 上传至平台。

企业上传的生产、交易数据通过适配器抽取出来，单次交易中的业务数据只在业务伙伴之间共享，每位参与者均可以查看最新状态。

通过数字公证让参与流程的多方建立信任关系。像传统的公证人一样，数字公证保证行为的有效性、可审计性和所有权，不泄露敏感业务信息。数据是加密的、防篡改的、可追溯的，防止抵赖。

对于食品运输数据的一致性问题，SAP 的解决方案是构建基于区块链的材料跟踪商务网（material traceability business network）。在食品运输的过程中，原材料不仅会经过多个节点企业，而且由于用途不同，食品原材料在运输的过程中可能经历包裹的合并与拆分，如图 4-29 所示。

解决方案如下：

（1）准确地提供了原材料产地；

（2）能实时追踪原材料的运输信息；

（3）实现了食品生产信息的透明化。

该产品部署在 SAP 云平台上。一条食品供应链中的节点企业被分配到同一个物料追踪网络中，各个企业拥有自己独立的数据存储空间，但共享一条区块链，如图 4-30

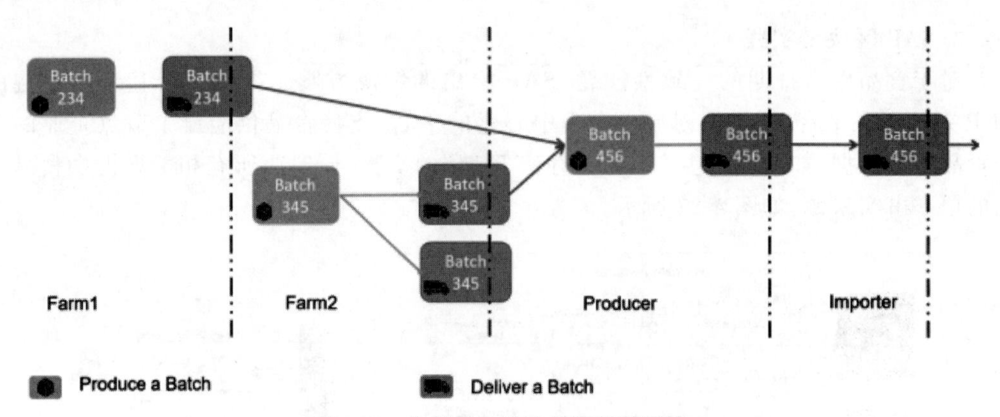

图 4-29 食品供应链中的原材料运输

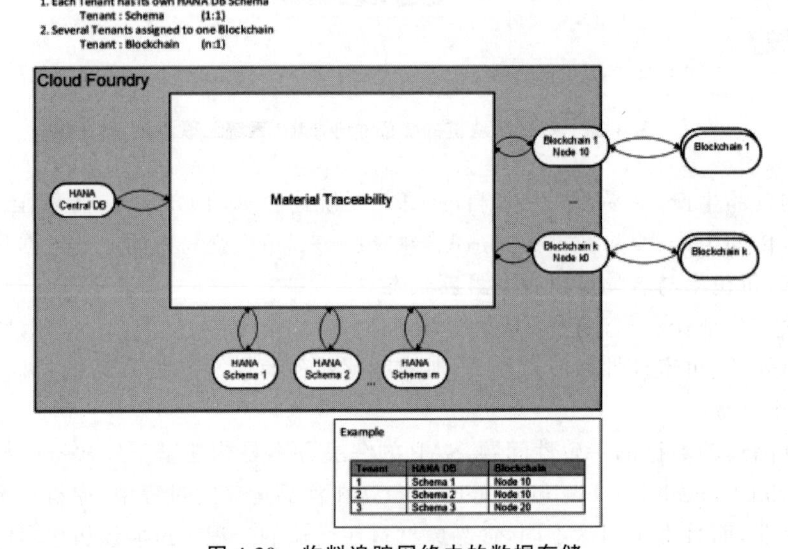

Tenant	HANA DB	Blockchain
1	Schema 1	Node 10
2	Schema 2	Node 10
3	Schema 3	Node 20

图 4-30 物料追踪网络中的数据存储

所示。

3. 药品的可销售退货的合规性验证

（1）产品业务背景。

美国于 2013 年年末颁布《药品供应链安全法案》(DSCSA)。DSCSA 的里程碑意义之一是要求美国批发商在 2019 年 11 月之前使用唯一的包装 ID 去核实他们从客户那里获得的可销售退货。但是，该法规并不要求制造商在 2023 年之前提供这些数据，因此，美国批发界必须找到一种方式来访问包装数据以进行验证，如图 4-31 所示。

图 4-31　美国《药品供应链安全法案》产品业务背景

一家大型美国批发商的一家工厂每天可获得约 10000 个退货，该公司每天总共有 62000～115000 个退货单位，这仅是前三名批发商之一。每年约 1520 万件退货（占销量的 1.7%），价值 21 亿美元（占收入的 2%）。每年在美国各地总共需要验证大约 6000 万个退货单位。从图 4-32 中可以看出整个业务场景的数据量非常大。

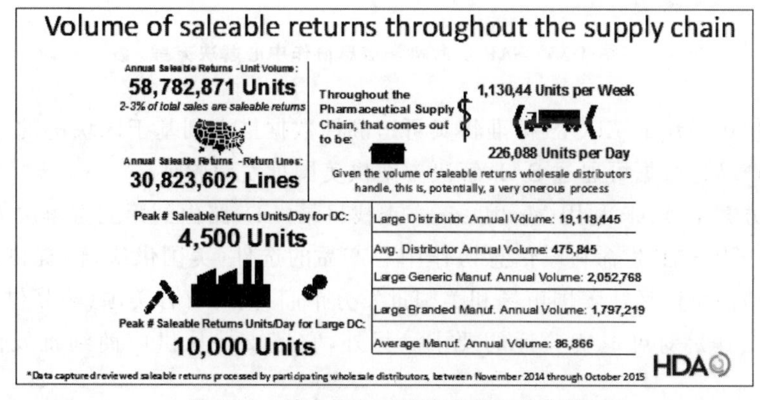

图 4-32　某大型美国批发商的退货数量

药品制造商，或者称为营销授权持有人（MAH）在产品包装上标记唯一的产品标识符，包含产品 ID（GTIN）、批号、有效期和包装的随机唯一标识符（序列号）。此数据以 2D 矩阵条形码和人类可读形式打印在产品包装上。MAH 将这些序列化数据存储在专用的跟踪存储库中，例如 SAP Advanced Track and Trace for Pharmaceuticals。相关数据以 GS1 EPCIS 标准进行管理和交换，在此标准内，制造商会创建调试、汇总和装运事件，这些事件将存储在跟踪仓库中。贸易伙伴之间使用相同的标准进行可追溯性数据的交换。

(2) 产品架构。

为支持 DSCSA 在 2019 年 11 月提出的可退货验证的要求,SAP 在 SAP 生命科学信息协作中心的基础上开发了一种解决方案,可充当所谓的验证路由服务(VRS),如图 4-33 所示。

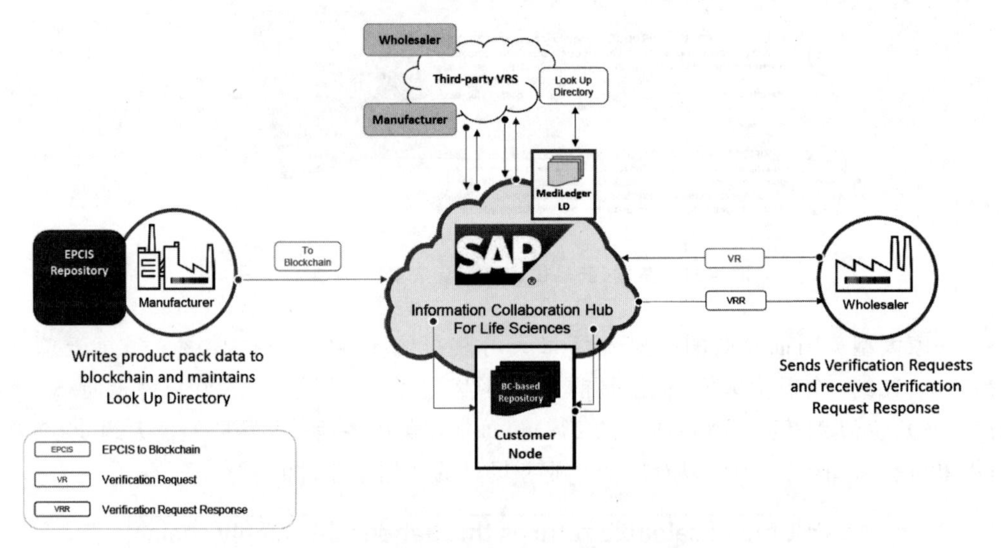

图 4-33 SAP 生命科学信息协作中心解决方案

制造商使用通用的 EPCIS 标准将其可追溯性数据推送到基于区块链的存储库中,该标准使所有产品包数据可通过 SAP 解决方案供美国批发商验证。

在解决方案中,SAP 利用 MediLedger 查找目录(LD)路由到第三方解决方案提供商。

此服务作为 SAP 生命科学信息协作中心产品的选件(美国供应链)提供服务。该服务使药品制造商可以运往美国市场和美国批发分销商,同时符合美国《药品供应链安全法案》的规定,尤其是对可退货验证的要求。另外,它还支持从供应商到批发商的供应链通知。

产品使用的基础设施如下。

- SAP 云平台;
- SAP Cloud Platform 上的两个区块链节点(多链);
- AWS 基础设施——Amazon Elastic Compute Cloud(Amazon EC2)中当前为 c5.2xlarge,可根据资源要求进行更改。

SAP 对每个到期年运行一组有限的区块链节点,并在所有客户之间共享。所有节点都在 SAP 账户下运行。客户可以通过 Blockchain Explorer Web App 访问节点以查看区块链中的数据。客户还可以选择自费运行一个或多个区块链节点。

(3) 区块链的实现。

① 基于到期年份的区块链。

由于无法从区块链中删除数据,因此必须采取其他措施来控制增长。

为了允许删除不再需要的数据,按有效期将数据分为多个区块链。这个专用的区块链网络会根据到期年份拆分数据。到期年份过后,该产品已过期且不再可以销售,相应的数据不再被需要,并且整个区块链可以被淘汰。区块链已断开与路由的连接,不可用于验证。

退出区块链的确切时间和区块链的数据保留期限由区块链治理小组定义。

② 使用多链流(multichain streams)。

通过使用多链流,数据的结构可确保验证功能具备快速响应时间。按产品批次生成流,而作为此批次生产者的 MAH 创建流,只有流的创建者才能将数据写入流。这样可确保未经授权的参与者不能将新记录引入流中。

由于批次 ID 并非全局唯一,因此不能单独将批次 ID 用作流 ID。但是,必须从验证请求的内容(即包含 4 个数据元素的产品标识符)中识别出正确的流。因此,该批次与 GTIN 和到期日期连接在一起,以保证流在全局范围内唯一。对连接的字符串进行哈希处理以保证数据安全。

(4) 产品操作。

要启用可销售退货验证,药品制造商需要进行如下操作。

- 使用遵循 GS1 EPCIS 标准的消息,将产品包数据发送到 SAP 生命科学信息协作中心的基于区块链的数据存储库。GS1 EPCIS 1.2 美国医疗保健实施指南(USHC)的使用是可选的。
- 在查找目录(LD)中输入有关其产品(GTIN)的信息。LD 包含 MAH 存储库的连接信息(CI)。连接信息按产品 ID(GTIN)存储。查找目录中存储的连接信息会自动与其他解决方案提供商管理的其他查找目录交换。SAP 生命科学信息协作中心使用 MediLedger LD。

批发商可以将验证请求发送到 SAP 生命科学信息协作中心。验证请求通常是通过扫描产品包装上的编码产品标识符(PI)的数据矩阵代码触发的。

收到批发商的验证请求后,SAP 生命科学信息协作中心的查找目录将根据验证请求中的 GTIN 确定执行验证的端点。该服务路由验证请求,验证在 SAP 区块链或第三方解决方案中执行,然后将响应发送给批发商。

4. 小结

本节分析了区块链在供应链与物流领域的应用,并举例介绍了 SAP 的基于区块链的供应链产品模块：Material Traceability 为客户提供了高效的食品溯源功能，实现了食品生产信息的透明化；药品的可销售退货的合规性验证使药品制造商可以运往美国市场和美国批发分销商，同时符合美国《药品供应链安全法案》的规定，尤其是对可退货验证的要求。

本章旨在介绍区块链的基本应用模式和可能的应用场景，接下来将展望区块链的发展，包括五大发展趋势等，帮助读者对区块链的未来趋势有更好的预判，从而发现可以与区块链结合的创新点。

第5章

区块链的未来与展望

2019年2月，在对于区块链发展的报告中，提出如果对于技术的狂热幻灭没有引来寒冬的话，区块链的发展将依然坚定，进而指出区块链发展的如下3个特点。

（1）企业区块链技术将眼光扩展至分布式账本技术。

（2）区块链平台将继续普及。

（3）技术不再是主要问题，商业发展才是。

广义区块链技术已经逐渐进入了应用阶段。在跨境汇款业务，Ripple已经利用区块链技术建立了全面的针对SWIFT的优势，只需假以时日。在供应链领域，利用区块链技术实现全供应链（含制造）的追踪已经变成现实。这里不光包括离散制造，还包括流程制造。同时，依然有针对区块链效率低下，智能合约实际很傻，真假去中心化之辩，以及通证金融属性等问题的犀利分析。

综上所述，或许，区块链最终会像互联网一样，成为一种基础设施。区块链技术在各个领域应用的落地越来越迅速。然而如同硬币有正反面，区块链技术一方面具备颠覆目前秩序的潜力，也存在潜在的风险。作为本书的最后一章，本章对区块链技术的发展趋势进行了前瞻性和理智的展望。

趋势一　区块链技术体系逐渐清晰，为先行先试打下基础

在2018年，以太坊、Quorum、Hyperledger Fabric、R3的Corda和MultiChain已经成为最流行的区块链技术平台。越来越多的产品以它们为底层平台进行产品开发。未来这个趋势还会继续。拿Hyperedger Fabric为例，Hyperledger Fabric发布了v1.4第一个长期支持版本，添加了Raft的支持。Raft帮助Hyperledger Fabric解决了长期以来采用Kafka/Zookeeper带来的生产部署难度。MultiChain在最近发布的版本中也给出了对于智能合约的更强支持，以及对私有数据的支持。中国信息通信研究院2019年发布的《区块链白皮书》指出，随着区块链技术的发展，区块链技术体系正逐渐清晰。尽管不同区块链平台在具体实现上略有不同，但是在架构方面存在一定的共性，均包括共识、账本、智能合约等关键技术。

同时,区块链与云的结合也是必然的趋势。区块链与云的结合,其中一种模式就是 Baas (blockchain-as-a-service),是指云服务商直接把区块链作为服务提供给用户。SAP 在自己的云平台上目前提供 4 种区块链服务:Hyperledger Fabric、Mulitchain、HANA Blockchain Service 和 Quorum。类似的云服务企业越来越多地将区块链技术整合至云计算的生态环境中,通过提供 BaaS 功能,有效降低企业应用区块链的部署成本,降低创新创业的初始门槛。国内的各大公有云服务提供商,也提供了基于开源区块链技术的 BaaS 服务。对开源区块链技术的更多采用,也为将来同构区块链技术,甚至异构区块链技术的跨公有云服务提供商的大区块链网络铺垫了良好的基础。

随着区块链技术的革新升级,与云计算、大数据、人工智能等前沿技术的深度融合与集成创新,将会推动其技术架构越发成熟,最终更好地服务于实体经济和数字经济社会建设。

趋势二　链上数据存储,网络效率与商业竞争力的争论

在早期的区块链文章中,在讨论区块链的防篡改特性时,会讲到链上数据一旦存储就难以被篡改。这种特性是通过共识算法来完成的,大大增加了篡改区块链网络上数据的成本。对于哪些数据需要存储,数据存储在链上时如何保护企业商业隐私却很少有论述。利用现有的技术也许很难篡改链上数据,但是如果量子计算到来,那么修改链上数据所需要的计算能力就很容易被满足,这对于企业意味着什么?在这种担忧的情况下,很少有企业愿意把自己企业内部的生产、运营数据存储到区块链网络上,甚至不愿采用这项技术。针对这个问题,举例离散制造过程审查追踪的话,一种可能的实现方式是,企业将自己的生产数据,利用标准的加密算法提取数据指纹(可以是哈希值),将此指纹以 BOM 为基础生成一棵 Merkel 树,企业只需要将 Merkel 树的根存储在链上以确保内部数据并没有被修改。在需要进行审查之时,只需利用链上指纹进行比对即可知道数据是否被篡改。

数据链上存储只是商业竞争力的问题之一。笔者曾经在德国商会进行过一场区块链技术的专场分享,介绍了 SAP 在区块链方面的工作和案例等。分享结束后,大多与会者对于 SAP 在已有的 IT 商业管理方案添加区块链能力非常赞赏,表示这对于他们业务创新提供了新的可能。然而也不乏观望者,一个来自汽车行业的高管提供了一个观点颇具代表性,他认为区块链从技术上来讲非常先进,而他们企业的很多供应链业务流程依然非常原始,且整个行业都是。利用区块链技术,可能会使得供应链能力快速现代化、网络化。他们可能需要和其他友商在同一个业务网络上共存。但是这也意味着他们的上游供应商,他们的竞争对手可以更快速地获得他们耗费几十年打造的供应链能力,和他们平起平坐。区块链会带来什么样的业务价值能够让他们愿意冒如此风险?归结到底,如果企业采用区块链来升级供应链,那他的最终投入回报会在哪里?笔者认为,区块链应用在供应链中，依然需要采用问题导向的方式。先确定问题，再来看区块链是不是能创造最大价值的那个技术。

趋势三　行业应用会成为区块链的主战场

区块链起源于比特币，并随着比特币为代表的加密数字货币兴起而家喻户晓。虽然部分企业目前区块链的实际应用仍集中在数字货币领域，具有金融属性的虚拟经济。监管的压力，以及数字货币泡沫逐步消退，未来的区块链必将脱虚向实。更多企业将专注于区块链技术本身的去中心化、多方协同、防篡改等技术特征，利用区块链技术在资产和产品的全生命周期管理创造价值。这就涉及行业内业务伙伴之间的协作，甚至行业内竞争对手之间的协作。那么这样一种新的基于区块链技术的商业网络业态如何才能够发展呢？

首先，市场有需求吗？以危险化学品的储运为例，在 8.12 天津滨海新区爆炸事故发生之后，国务院针对危险化学品的安全组织了全国性的大排查。化工生产逐步实现工业园区化，全国已有化工园区 667 家。化工园区的设立对于化工企业的生产与安全管理起到了积极的作用。但是，化工材料从园区运出后，运输途中的安全管理就落在了运输企业上。当化工材料运抵买方企业的园区并储存，整个储运流程才算完整。这个过程中涉及卖方企业、卖方园区、转运公司、买方企业、买方园区，以及买卖双方所在的地方监管部门。当时，数据却是断裂的，没有关联在一起。加上可能出现的瞒报、虚报、漏报导致中间环节中对于化工材料的属性的不准确掌握，一致性差，甚至丢失。有效监管也就无从谈起。

在上面这个业务场景中，利用区块链技术实现多方参与的危险化工品储运网络就可以解决上述问题。当卖方企业出库危险化学品时，产品的型号、数量、应急手册、承运公司等信息被记录上链；承运公司将货物运输的货品型号、数量、起止时间、司机等信息上链；买方企业在收货入库时记录产品型号、数量、入库时间、应急手册等信息到区块链上。通过数据上链，提高了数据的透明度和数据质量，园区、监管机构通过分析链上数据即可随时进行监管核查。一旦在储运过程中出现事故，消防部门也可以快速获得所涉及危险化学品的产品信息和厂家应急手册，避免盲目行动造成的损失。

那么，整个危险化工品的储运网络如何组成呢？如果将危险化工品的买卖企业、运输企业比喻成运动员，将园区、政府监管部门、消防部门比喻成裁判员的话，那么我们还需要赛事组织方负责赛事的计划，运动员招募，根据监管规则制定赛事规则，以及赛事的运营。商业词汇里可以暂称之为危险化工品行业联盟。

危险化工品行业联盟主要有以下职责。

- 会员管理以及议事规则制定。
- 组织讨论行业生态面临的挑战。
- 开发商业价值链中新流程标准和数据标准。

- 达成行业成员认同的多边协议。
- 对于协议最终文本拥有最终所有权。
- 组织行业专家为联盟发展进行规划。
- 行业联盟网络平台的运营。

从上例可以看出，企业应用正在成为区块链发展的主战场，而企业应用与区块链技术的深度结合，在于找到具体多方参与的商业场景，也将成为区块链未来发展的一个必然趋势。

趋势四　区块链与物联网，前途可期但依然遥远

在对于技术愿景的描绘中，区块链和物联网永远仿佛绝妙搭配。分布式、点对点的区块链网络让物联网设备数据的可信分享得以实现，这在传统的方式下似天方夜谭。安永全球区块链创新负责人 Paul Brody 讲过，共享经济和供应链在没有区块链的情况下已经做得很好了。区块链独特的价值在于，让商业机构可以在不参与集中式管理的商业市场的情况下参与到复杂的多方业务中去。

Forrest 认为，区块链和物联网的结合有以下几大领域值得关注。

- 基于区块链的全供应链追踪与追溯需要物联网。
- 基于区块链的汽车车联网越来越近。
- 区块链技术支持数字双胞胎设备生命周期管理。
- 区块链技术真实的数据传递赋能物联网分析和人工智能。
- 区块链技术确保设备数据、交易和文档的真实性和安全性。

与此同时，区块链和物联网发展的不温不火也昭示了其中存在的一些有待解决的挑战。

- 运营难。经过几年的发展，区块链技术已经大有进步。但是在企业应用中的一些问题依然突出：如何和现有的系统进行安全的集成；网络的部署、运行、升级和维护。虽然区块链研发和管理工具进步巨大，但是距离管理一个大型分布式业务网络的能力还有很长的路要走。
- 非技术问题突出。前述亦提及，区块链技术触发的商业网络中，什么信息将被存储在链上很重要，这也是非技术问题中需要被首先解决的。如何能够形成区块链商业网络生态，取得网络中各参与方对于数据格式、监管及智能合约的升级的认同至关重要。界定参与方与网络运营者的责任与权利这些问题都无关技术，又攸关未来。
- 智能合约既不智能，也没有约定。智能合约可以用来管理多方参与的业务逻辑。只要逻辑清楚，无论多复杂都可以处理。和数据一样，编写智能合约需要各参与方首先同意合约逻辑。对于规则的明晰和认同在一般商业领域异常困难，物联网领域更甚。

参考文献

[1] 中本聪. 比特币 :一种点对点的电子现金系统[EB/OL](2018-04-29)[2020-11-12]. https://blog.csdn.net/starzhou/article/details/80145488.

[2] 梅兰妮·斯万. 区块链：新经济蓝图及导读[M].北京：新星出版社,2016.

[3] 威廉·穆贾雅. 商业区块链：开启加密经济新时代[M].林华,译. 北京：中信出版集团,2016.

[4] 迈克尔·哈默，詹姆斯·钱皮. 企业再造：企业革命的宣言书[M].王珊珊,等译. 上海：上海译文出版社,2007.

[5] 詹姆斯·钱皮. 企业 X 再造[M]. 闫正茂,译. 北京：中信出版集团,2002.

[6] 张翠华,任金玉,于海斌. 供应链协同管理的研究进展[J].系统工程,2005,23(4)：1-6.